KB122325

개념, 용어, 이론을 쉽게 정리한

생명과학 사전

개념, 용어, 이론을 쉽게 정리한
생명과학 사전

초판 1쇄 발행 | 2021년 5월 31일 **6쇄 발행** | 2024년 2월 26일

지은이 | 오이시 마사미치 **옮긴이** | 이재화 **감수** | 임현구

펴낸곳 | 도서출판 그린북
펴낸이 | 윤상열
기획편집 | 최은영 김민정
교정교열 | 김수주
디자인 | 김민정
마케팅 | 윤선미
경영관리 | 김미홍
출판등록 | 1995년 1월 4일(제10-1086호)
주소 | 서울시 마포구 방울내로11길 23 두영빌딩 302호
전화 | 02-323-8030~1
팩스 | 02-323-8797
이메일 | gbook01@naver.com
블로그 | greenbook.kr

ISBN | 978-89-5588-970-3 43470

개념, 용어, 이론을 쉽게 정리한

생명과학 사전

오이시 마사미치 지음 | 이재화 옮김 | 임현구 감수

그린북

생물학의 눈부신 발전에 힘입어, 최근 생명과학 교과서가 대폭 개선되었다. 예전부터 생물이라고 하면 성게나 개구리의 발생을 배우거나 유전자는 멘델의 법칙부터 시작하는 것이 일반적이었지만, 현재 교과서는 '생명현상'이나 '사람의 물질대사' 이야기부터 시작한다. 예전에는 반드시 동식물의 형태를 면밀하게 관찰하는 일부터 시작해 생물에 충분히 익숙해지면 초파리나 점균처럼 어느 특정한 생물 연구로 나아가는 것이 생물학의 이미지였다. 그러나 현재는 흰 가운을 입고 자유자재로 유전자를 자르거나 붙이는 분자생물학자가 생물학의 대표 이미지가 되었다. 또한 생물학을 지원하는 학생 중에는 목적의식이 높고 장래 유전자재조합을 통해 인류의 식량 위기를 해결하겠다거나 유전자치료를 통해 의학에 공헌하고 싶다는 사람이 늘고 있다.

생물학에 관한 지식은 급속도로 늘어나 새로운 정보가 인터넷에서 범람하고 있다. 그러나 전문적인 내용이 너무 많아 기사를 읽어도 무슨 말인지 전혀 이해하지 못하는 사람이 대부분이다. 그리고 전문가뿐만 아니라 일반인까지 주장하는 다양한 가설이 뒤범벅돼, 지식의 진실성에 무게가 없어 무엇이 진짜고 무엇이 가짜인지 알 수 없는 사례도 있다.

대학에서 생물학을 가르칠 때 가끔 학생에게 '인터넷에서 ○○에 대해 조사해 보세요.'라고 키워드 검색을 시킨다. 그런데 학생이 검색한 화면이 내가 예상한 홈페이지와 전혀 달라 난감했던 적이 가끔 있다. '이 학생이 생물에 대한 기초 지식이 있었다면, 이렇게 잘못된 방향으로 가지 않았을 텐데. 생물의 기초 지식을 알기 쉽게 전달하는 책이 있다면 얼마나 좋을까?'라는 생각이 들어 이 책을 집필하기에 이르렀다.

문득 '생명의 기원은 뭘까?', '우리의 조상은 어디에서 왔을까?', '내 몸은 어떻게 이루어져 있을까?' 등등 자기 존재에 대한 의문이 든 적이 있을 것이다. 이 책은 문과·이과를 불문하고 이러한 기초적인 의문을 가진 사람에게 분명히 도움을 줄 것이다.

누구나 생물에 대한 기초 지식을 쉽게 이해하도록 이 책에서는 예시를 들어 일상에서 밀접한 문제로 접할 수 있도록 노력했다. 또한 '게놈'이라는 단어가 자주 등장하는데, 개념을 한꺼번에 정리하지 않고 관련 주제가 등장하면 반복해 적는 등, 중요한 내용은 여러 차례 설명했다. 문장에도 신경 썼을 뿐만 아니라, 이해하기 어렵다고 판단한 경우에는 그림이나 표를 넣어 한눈에 이해할 수 있도록 노력했다.

고등학교 생명과학 교과서에서 중요한 부분을 잘 모르겠다는 사람은 물론, 생물의 세계를 살짝 들여다보고 싶은 사람, 그리고 자신에 대해 알고 싶은 사람이 이 책을 손에 든다면 지금까지 불가사의하다고 여겨 왔던 생물에 대한 답을 반드시 발견할 수 있을 것이다.

오이시 마사미치

CONTENTS

지은이의 말 ·· 4

제1장 생명의 탄생부터 인류의 출현까지

1-1 생명은 어디에서 왔을까 ······································ 14
–지구에서 탄생했을까, 우주에서 왔을까?

1-2 최초의 생명은 어떤 모습이었을까 ······················ 17
–외부와 내부를 가르며 시작한 생명

1-3 맹독인 산소를 약으로 바꾼 생물의 생존 전략은? ·········· 19
–호기성세균과 미토콘드리아 이야기

1-4 고세균은 낡지 않았다? ······································ 23
–고세균과 진핵생물 이야기

1-5 다세포생물의 등장 ·· 25
–에디아카라 동물군 이야기

1-6 단세포생물은 단순하지 않다 ······························ 28
–단세포와 다세포의 차이

1-7 캄브리아기 대폭발이란? ····································· 31
–동물의 신체 구조 이야기

1-8 여러 차례 대량절멸의 위기에 직면해 온 생물 ·········· 34
–고생대, 중생대, 신생대의 경계

1-9 생물의 진화는 사실일까 ····································· 36
–바이러스나 미생물의 약제내성 사례

1-10 척추동물의 진화 ··· 38
–최신 게놈 연구를 통해 드러난 사실

1-11 공룡은 지금도 살아 있다? ·································· 41
–공룡의 생존자, 새

1-12 인류는 어디에서 탄생했을까 ······························ 43
–아프리카에서 발견된 인류 화석

제2장 세포의 구조부터 개체의 형성까지

2-1 모든 생물은 세포로 이루어져 있다 ································ 48
　　　−세포의 구조와 기능

2-2 세포에는 두 종류가 있다 ································ 50
　　　−원핵세포와 진핵세포의 차이

2-3 세포의 설계도를 소장하는 도서관 ································ 52
　　　−핵 이야기

2-4 세포 속 발전소 ································ 54
　　　−미토콘드리아 이야기

2-5 세포 속 물질의 통로(소포체와 골지체) ································ 56
　　　−화장하는 단백질

2-6 세포 속에 뼈가 있다? ································ 58
　　　−세포골격의 역할

2-7 세포는 어떻게 완전히 똑같은 두 개의 세포로 나뉠까 ················ 60
　　　−세포분열 이야기

2-8 최근 밝혀진 염색체의 구조 ································ 62
　　　−대형 방사광 가속기 SPring-8의 연구 성과

2-9 세포가 모여 조직을 이루다 ································ 64
　　　−동물과 식물의 조직 차이

2-10 기관에서 기관계로 ································ 68
　　　−식물은 왜 기관계가 없을까

2-11 심장은 왜 왼쪽에 치우쳐 있을까 ································ 69
　　　−레프티 유전자의 역할

　　　생물의 창 스케치 방법이 다른 동물학과 식물학 ··············· 71

제3장 몸을 구성하는 물질

3-1 왜 규소 기반 생명체는 적을까 ································ 74
　　　−몸을 구성하는 원자의 특징

3-2 생명 활동의 에너지원 ···································· 77
　　　−탄수화물 이야기

3-3 생명 활동의 주역 ······································ 79
　　　−아미노산과 단백질 이야기

3-4 생명의 설계도와 그 복사본 ························ 82
　　　−DNA와 RNA 이야기

3-5 몸속 지질은 무슨 일을 할까 ···················· 86
　　　−세포막을 구성하는 지질 이야기

3-6 우리 몸은 왜 금속 원소가 필요할까 ··········· 88
　　　−미량원소 이야기

3-7 '에너지 화폐'라는 물질 ···························· 90
　　　−ATP 이야기

3-8 호르몬이란 무엇일까 ······························ 92
　　　−세포 사이의 의사소통

3-9 식물에도 호르몬이 있을까 ······················ 96
　　　−옥신과 지베렐린, 개화호르몬 이야기

　　　　생물의 창 쾌락 물질이란 무엇일까 ················ 99

제4장 유전자와 DNA의 정체를 찾다

4-1 부모에서 자식에게 무엇이 전달될까 ············ 102
　　　−멘델이 발견한 유전자란?

4-2 유전자의 실체는 무엇일까 ······················ 106
　　　−DNA가 유전자의 본체인 증거

4-3 인간 연구에 도움을 주는 초파리 연구 ········· 108
　　　−몸을 만드는 혹스유전자의 발견

4-4 유전자를 자르거나 붙이는 방법 ··············· 111
　　　−유전자재조합의 기초 지식

4-5 유전자변형농산물의 현재 ······················ 113
　　　−GMO의 장단점

4-6   **새로운 유전자재조합 기술** ··· 116
　－유전자 편집

4-7   **단시간에 유전자를 대량으로 늘리는 방법** ······················ 118
　－PCR법의 원리

4-8   **유전자의 염기서열 결정법** ··· 120
　－DNA 염기서열화

4-9   **인간 게놈이란 무엇일까** ··· 123
　－인간게놈프로젝트의 선물

4-10   **술을 잘 못 마시는 한국인이 많은 이유** ························· 125
　－알데하이드탈수소효소 2형(ALDH2) 이야기

제5장 동물의 발생 원리

5-1   **전성설과 후성설 논쟁** ··· 128
　－유전자 발견 전까지

5-2   **세포의 전능성이란 무엇일까** ··· 130
　－잃어버린 전능성을 초기화하는 기술

5-3   **수정란에서 배가 생기기까지** ··· 132
　－성게의 발생과 개구리의 발생

5-4   **심장은 심장 세포끼리, 간은 간세포끼리 모여 조직을 만드는 이유는?** ·· 135
　－카드헤린 이야기

5-5   **세포의 운명은 어떻게 결정될까** ····································· 137
　－형성체의 정체

5-6   **앞과 뒤, 등과 배의 방향은 어떻게 결정될까** ················· 140
　－전후축 · 등배축을 결정하는 유전자

5-7   **체절 구조를 만드는 유전자** ··· 142
　－초파리와 사람에 모두 있는 체절구조형성유전자

5-8   **팔다리는 어떻게 만들어질까** ··· 144
　－사지싹의 세포는 어떻게 자기 위치를 알까

5-9 복제 양 '돌리'의 탄생과 복제 인간 ···················· 146
     −체세포 복제 방법

     생물의 창 iPS세포의 탄생 ··························· 149
              −체세포에 인공적으로 유전자를 주입한다는 폭력성

제6장 생명 유지의 원리 : 대사 · 발효 · 광합성

6-1 대사란 무엇일까 ································· 152
     −체내의 물질대사와 에너지대사

6-2 효소란 무엇일까 ································· 154
     −효소를 생체촉매라고 하는 이유?

6-3 호흡에는 두 가지 통로가 있다? ············· 156
     −외호흡과 내호흡의 차이

6-4 발효란 무엇일까 ································· 161
     −산소를 사용하지 않는 이화작용

6-5 매오징어는 어떻게 빛날까 ················· 163
     −생물 발광의 원리

6-6 식물은 어떻게 영양분을 얻을까 ·········· 165
     −광합성의 원리

6-7 공기 속 질소를 체내로 수용하는 원리 ··· 168
     −질소고정 이야기

     생물의 창 빛이 없어도 유기물을 합성할 수 있는 생물 ········· 170
              −화학합성 이야기

제7장 생물의 반응과 조절의 메커니즘

7-1 근육은 어떻게 수축할까 ····················· 172
     −근육의 구조와 근육 수축의 원리

7-2 신경은 어떻게 흥분을 빨리 전달할 수 있을까 ·········· 175
     −신경의 흥분과 도약전도 이야기

7-3 소리 자극은 어떻게 뇌로 전달될까 ·················· 179
　−소리가 들리는 원리

7-4 빛의 자극은 어떻게 뇌로 전달될까 ·················· 182
　−사물을 보는 원리

7-5 냄새를 맡는 원리 ····································· 186
　−후각 이야기

7-6 맛을 느끼는 원리 ····································· 188
　−혀의 구조와 미각 이야기

7-7 자력을 느끼는 원리 ·································· 189
　−자성세균과 철새 이야기

7-8 뇌를 조사하는 두 가지 방법 ······················· 190
　−신경 네트워크 연구와 뇌의 화상 분석

7-9 생체시계를 망가뜨리는 블루라이트 ················· 194
　−생체시계 이야기

　　생물의 창 동물은 육감이 있을까 ··················· 196
　　　　　−상어의 로렌치니기관과 뱀의 피트기관

제8장 생물의 다양성과 멸종위기종

8-1 세상에는 왜 수많은 생물이 있을까 ················· 198
　−생물의 다양성

8-2 생물학에서는 왜 인간을 '호모 사피엔스'라고 부를까 ·········· 201
　−학명 이야기

8-3 동물도 식물도 아닌 제3의 생물 ···················· 204
　−균류 이야기

8-4 앞으로 장어를 먹지 못할 수도 있다? ··············· 206
　−멸종위기종이란 무엇일까

8-5 워싱턴협약이 무엇일까 ···························· 209
　−멸종위기종을 지키기 위해

8-6 어마어마한 벌금 ····································· 211
　−강화된 종 보존법

8-7 외국에서 들어온 위험한 동물들 ···································· 213
   −외래종 이야기

   생물의 창 일본에 침입한 최악의 외래 생물 붉은불개미 ·········· 215

8-8 멸종이 우려되는 생물을 늘리기 위한 대책 ······················ 216
   −수컷과 암컷 한 쌍만으로 고릴라는 번식할 수 없다

8-9 생물의 다양성을 지키는 방법 ·································· 218
   −북극권의 종자 저장 시설

   생물의 창 화제의 생물 ··· 220
            −세계에서 가장 작은 카멜레온 등

제9장 생물은 환경 속에서 어떻게 살아가는가

9-1 생태계를 구성하는 생산자와 소비자 ···························· 222
   −생태계란 무엇인가

9-2 서식지와 지위란 무엇일까 ···································· 225
   −어려운 생태학 용어를 이해하다

9-3 동물보다 인내심이 강한 식물 ·································· 228
   −최신 게놈 연구로 알아보는 식물의 생존 전략

9-4 생태계의 에너지 피라미드 ···································· 230
   −생산자와 소비자의 관계

9-5 좋은 생활환경이 생물의 운명을 결정한다 ························ 232
   −최적밀도 이야기

9-6 심해로 잠수하는 물범의 행동 패턴을 어떻게 알 수 있을까 ·········· 234
   −바이오로깅 이야기

9-7 오염물질의 생물농축 ··· 236
   −환경호르몬이란 무엇일까

9-8 파괴된 생태계를 회복하려면? ·································· 238
   −이상적인 비오톱 이야기

찾아보기 ·· 241

제 **1** 장

생명의 탄생부터
인류의 출현까지

1-1

생명은 어디에서 왔을까
−지구에서 탄생했을까, 우주에서 왔을까?

'우리의 조상은 어디에서 왔을까?'라는 질문을 거듭해 나가다 보면, 마지막에는 '생명은 어디에서 왔을까?'라는 의문에 부딪힌다. 지구에서 탄생했다는 가설도 있고, 우주에서 왔다는 가설도 있다. 과학자들은 다양한 지식과 증거, 그리고 경험과 실험 등을 통해 진실을 밝히기 위해 노력해 왔다.

생명의 기원에 관해서는 크게 세 가지 주장이 있다. 첫 번째로 신이 만들었다는 주장, 두 번째로 지구의 단순한 화학물질이 오랜 세월을 거쳐 복잡한 물질로 변화해 생명이 탄생했다는 주장, 세 번째로 지구 밖에서 왔다는 주장이다. 첫 번째 주장은 과학의 영역을 초월하므로 여기서는 논하지 않고, 두 번째와 세 번째 주장에 대해 이야기하려 한다.

우리 생물은 주로 탄소나 산소, 수소나 질소를 포함한 화합물로 이루어져 있다. 이 원소들은 주로 공기나 물에 포함돼 있으므로 이 물질들이 복잡한 과정을 거쳐 생명이 탄생했다는 가설이 있다. 18세기에는 생물에 들어 있는 물질이 생물만 합성할 수 있는 특별한 물질이라고 여겼다. 그래서 광물과 구별하기 위해 전자를 유기물, 후자를 무기물이라고 불러 왔다. 그러나 그 이후 아미노산처럼 단순한 유기물은 생물의 작용이 없어도 합성할 수 있다는 사실을 알아내면서 유기물은 특별한 물질이라는 지위를 잃었다. 현재, 유기물은 탄소를 함유한 화합물 중 이산화탄소나 탄산나트륨 같은 단순한 물질을 제외한 것이라고 정의한다.

이처럼 유기물을 인공적으로 합성할 수 있다면 자연계에서도 간단한 유기물은 합성할 수 있을 것이라고 생각한 과학자가 있었다. 노벨화학상 수상자이기도 한 미국의 화학자 해럴드 유리(Harold Clayton Urey, 1893~1981)는 '원시 지구의 대기는 물, 메테인, 암모니아, 수소가 들어 있는 환원적(분자 상태의 산소가 거의 없는 상태를 말한다)인 환경이었다.'라고 생각했다. 1953년, 당시 시카고대학의 대학원생이었던 스탠리 밀러(Stanley Lloyd Miller, 1930~2007)는 유리의 지도하에 시행한 실험에서 실제로 간단한 유기화합물을 인공적으로 합성할 수 있다는 사실을 증명했다. 플라스크 안에 메테인, 암모니아, 수소 기체와 물을 넣고 밑에서 버너로 가열해 물을 증발시킨다. 이 플라스크와 연결된 다른 플라스크 안에 벼락을 본뜬 방전을 일으키고 또 다른 관을 통해 냉각해 원래 플라스크로 되돌린다. 이 과정을 일주일 정도 반복하자, 플라스크 속의 액체는 갈색으로 바뀌어 갔다. 그 액체에 함유된 성분을 조사하자, 단백질을 구성하는 요소인 아미노산(amino acid)이 여러 종류 발견되었다. 그후 비슷한 실험을 통해 아미노산뿐만 아니라 핵산의 성분인 퓨린(purine)이나

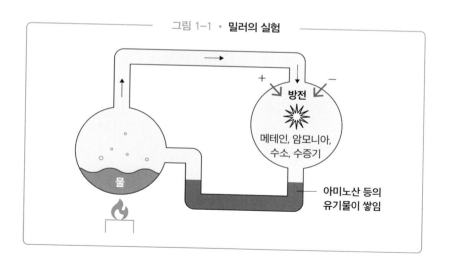

그림 1-1 · **밀러의 실험**

피리미딘(pyrimidine), ATP(아데노신3인산, 3-7 참조)의 요소이기도 한 아데노신(adenosine)의 합성도 확인할 수 있었다.

이후 지구물리학이 진보하며, 원시 지구의 대기는 밀러의 실험과 같은 환원적인 환경이 아니라 이산화탄소 등이 풍부한 산화적 환경이었다는 사실을 알게 되었다. 그러나 현재 심해에 있는 열수분출공(hydrothermalvent)은 밀러의 실험 조건과 환경이 비슷한데도, 이곳에서 유기물이 합성될 가능성이 있다는 사실을 알게 되었다. 밀러의 실험은 생명에 필수적인 유기화합물을 생물의 힘을 빌리지 않고도 합성할 수 있다는 사실을 밝혀냈고, 이후에 진행될 연구의 방향성을 크게 틀었다.

한편, 우주에서 온 운석에서도 아미노산 등의 유기화합물이 검출되는 사실로 보아, 생명의 기원이 우주에 있지 않을까 생각하는 연구자도 있다.

실제로 1969년 호주에 떨어진 머치슨 운석(Murchison meteorite) 내부에서 여러 종류의 아미노산이 발견되었다. 다양한 분석 결과 이 아미노산은 지상의 생물에 유래하지 않았고 우주에서 왔다는 사실이 증명되었다. 그 후, 탄소가 들어 있는 운석에서 잇따라 아미노산이 검출되며 아미노산 같은 단순한 유기화합물은 지구상에서 탄생했다는 가능성과 우주에서 왔다는 가능성을 모두 생각할 수 있게 되었다.

1-2

최초의 생명은 어떤 모습이었을까
– 외부와 내부를 가르며 시작한 생명

원시 생명이 지구에서 탄생했다고 가정했을 때, 과연 어떤 시나리오를 통해 탄생했는지 과학자들은 다양한 가설을 내놓았다.

먼저, 생물이 지닌 특성에 대해 생각해 보자. ① 생물은 외부와 내부가 '세포막(cell membrane)'으로 구분된다. 즉, 외부와 내부를 가르는 경계 덕분에 세포 속은 주변 환경의 영향을 받지 않고 안정적인 상태를 유지할 수 있다. 다음으로 ② 외부에서 물질을 받아들여 세포 속에서 다른 물질로 바꾼다(이 과정을 대사라고 한다. 6-1 참조). 그리고 화학변화로 발생하는 에너지를 세포 속에서 일어나는 다양한 생명 활동에 이용한다. 한편, 세포 속에서 필요 없어진 물질은 외부로 내보낸다. 그리고 ③ 생물이 지닌 특징 중 무엇보다 중요한 것이 같은 개체를 만들 수 있는 시스템을 지녔다는 점이다. 모든 생물은 DNA나 RNA 등의 유전물질을 지니며, 자손에게 자신과 같은 모습과 형태를 남길 수 있다(자세한 내용은 3-4 참조).

생물을 외부와 분리하는 '세포막'은 인지질 이중층(bimolecular lamellar lipid membrane)이라는 공통 구조로 이루어져 있다. 이 구조는 생물이 아니라도 간단히 만들 수 있는데, 지질 등의 유기물에 물을 더하면 내부에 물을 함유한 리포솜(liposome)이라는 구형 구조를 만들 수 있다.

이런 리포솜과 같은 구조에 핵산의 일종인 RNA가 조합해 원시 생명이 탄생하지 않았을까 하는 가설이 제창되었다.

이 가설에 따르면, 일단 처음에 지질과 물이 섞여 리포솜이 형성되었고, 이것이 오랜 세월에 걸쳐 ① 외부에서 생명 활동에 필요한 물질을 받아들이고, ② 그 물질을 대사하며, ③ 두 개로 나뉠 때, RNA를 균등하게 나누면서 최초의 생명이 탄생했다.

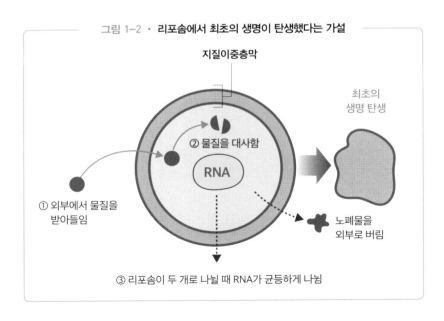

그림 1-2 · **리포솜에서 최초의 생명이 탄생했다는 가설**

지질이중층막

② 물질을 대사함

RNA

최초의
생명 탄생

① 외부에서 물질을
받아들임

노폐물을
외부로 버림

③ 리포솜이 두 개로 나뉠 때 RNA가 균등하게 나뉨

1-3

맹독인 산소를 약으로 바꾼 생물의 생존 전략은?

– 호기성세균과 미토콘드리아 이야기

우리는 늘 산소를 마시고 이산화탄소를 내뱉는 '산소호흡'을 한다. 지금은 너무나 당연한 사실이겠지만, 지구상에 최초로 출현한 생물에게 산소는 맹독성 물질이었다. 사실 산소는 모든 물질 중에서도 반응성이 매우 높아 다양한 화학물질을 산화하는 성질이 있다. 산소의 이런 격렬한 성질 때문에 기체 상태의 산소는 지구상에 최초로 출현한 생물의 모든 생체 분자를 산화하는 매우 유독한 물질이었다.

지구는 지금으로부터 약 46억 년 전에 탄생했으며, 가장 오래된 생명이 탄생한 시기는 지구상에 바다가 생긴 지 얼마 지나지 않은 약 40억 년 전이라고 추정한다. 오존층이 없던 당시 지구에는 태양에서 온 자외선이 무자비하게 쏟아져 내렸다. 그래서 햇볕이 직접 내리쬐는 지표나 해수면 근처에서는 생물이 살 수 없었으리라 추정한다. 즉, 최초의 생명은 햇빛이 닿지 않는 심해에서 탄생했을 가능성이 높다.

다양한 세포의 유전자를 해석했을 때, 가장 원시적인 세포는 주로 높은 온도에서도 견디는 성질이 있으며, 심지어 심해의 열수분출공에서 발견된 종도 있다는 점으로 보아, 생명 탄생에 열수분출공이 관계되어 있지 않았을까 추측할 수 있다.

생명이 탄생했을 무렵, 지구상에는 기체 상태의 산소가 거의 없었기 때문에 산소호흡을 하는 생물은 없었다고 여겨진다. 그 대신 산소를 사용하지 않고 유기화합물을 분해하는 혐기성세균(anaerobic bacterium, 산소가 있을 때 생존이나 증식이 어려운 세균)이 있었다고 상상할 수 있다. 그러나 이들 생물이 탄생했을 무렵에는 아직 유기화합물이 충분하지 않았기 때문에, 스스로 유기화합물을 합성할 수 있는 세균이 나타났다고 생각할 수 있다. 이들은 수소, 메테인, 유황, 암모니아 등을 산화·환원해 얻은 에너지를 사용해 유기화합물을 합성하므로 화학합성 세균(chemosynthetic bacteria)이라고 한다.

다음 단계로, 화학물질에서 얻을 수 있는 에너지 대신 태양에너지를 이용하는 광합성세균(photosynthetic bacteria)이 등장했다고 여겨진다. 그중에는 원핵생물*인 남세균(cyanobacteria)도 있었다.

2017년 캐나다 퀘벡주 북부에 있는 약 40억 년 전 지층에서 지구에서 가장 오래된 화석이 발견되었다. 이 화석의 구조는 현재 열수분출공 주변에 있는 미생물이 생성하는 구조와 매우 유사해, 최초의 생명이 심해 열수분출공 근처에서 탄생했다는 가설을 지지하는 증거라고 여겨진다.

또한 호주에 있는 약 34억 5000만 년 전의 지층에서는 남세균과 같은 미생물 화석이 발견됐다. 약 27억 년 전에는 남세균이 대량으로 발생했고, 광합성을 통해 대기 속 이산화탄소를 흡수하고 대량의 산소를 내보냈다. 대기 속 산소가 증가하면 태양에서 오는 자외선이 산소 분자와 만나 오존이 만들어진 다음, 오존층이 지표에서 상승하면서 지표에 도달하는 자외선의 양은 감소했다. 이 과정을 통해 생물에 해로운 자외선이 지표에서 감소한 덕분에 심해에서 조용히 생활하던 생물들이 해수면 근처에서도 살아갈 수 있는 환경이 마련되었다.

바닷속이나 대기 속 산소 농도가 증가해 어느 단계에 도달한 약 20억 년

---

* 원핵생물은 뚜렷한 핵막이 없는 생물로, 핵막이나 세포소기관을 지닌 진핵생물과 구별해 사용하는 용어다.
1–4 참조

전, 세포의 거대화가 일어났다. 이 세포가 바로 진핵세포(eukaryotic cell)라고 여겨진다. 진핵세포에는 핵, 미토콘드리아, 엽록체 등 세포소기관이라고 하는 다양한 기관이 있다. 이 기관은 원래 다른 세균이었지만, 거대화한 세포 내부로 흡수되며 그대로 남아 공생했다고 여겨진다(세포내공생설, endosymbiosis).

예를 들어 미토콘드리아는 독특한 DNA(미토콘드리아 DNA)를 지니고 있다. 염기서열을 다른 생물과 비교했을 때 호기성세균인 리케차(rickettsia, 세균보다 작고 바이러스보다 큰 미생물)에 가까운 알파프로박테리아와 매우 비슷하다는 점을 보면, 이 세균이 미토콘드리아가 되어 자신을 흡수한 세균과 공생했으리라 추정한다.

세포로 흡수된 산소는 세포 속에서 확산을 통해 이동하므로 세포 크기가 크면 산소가 구석구석 가지 않아 산소 결핍에 빠지기 쉽다는 단점이 있었다.

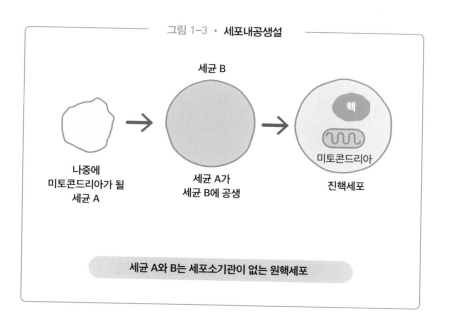

그림 1-3 · **세포내공생설**

세균 B

나중에
미토콘드리아가 될
세균 A

세균 A가
세균 B에 공생

핵

미토콘드리아

진핵세포

세균 A와 B는 세포소기관이 없는 원핵세포

하지만 세포 속에 미토콘드리아라는 기관이 생긴 덕분에 적은 양의 산소를 유용하게 활용해 많은 에너지를 얻을 수 있게 되었고, 이것이 세포가 거대화하는 하나의 요인이 되었다고 할 수 있다.

진핵생물은 미토콘드리아에서 산소를 적극적으로 활용해 에너지를 생산할 수 있으므로 미토콘드리아가 없는 원핵세포보다 훨씬 높은 효율로 운동이나 대사를 할 수 있게 되었다. 생명이 탄생했을 무렵, 생물에게 맹독이었던 산소가 생명 활동에 없어서는 안 될 필수품이 된 것이다.

1-4

고세균은 낡지 않았다?
— 고세균과 진핵생물 이야기

앞에서 이야기했듯 최초의 생명은 세포 구조가 단순한 원핵생물이라고 여겨지는데, 유전자 분석이 진행되면서 원핵생물은 크게 진정세균(eubacteria, 세균)과 고세균(archebacteria 또는 archaea)의 두 가지로 나뉜다는 사실을 알게 되었다. 이 중 어느 쪽이 더 오래되었을까?

많은 고세균은 고온의 온천이나 염도가 매우 높은 염수처럼 다른 생물이 도저히 생존할 수 없는 혹독한 환경에 살고 있다. 이러한 환경이 원시 지구 환경과 비슷하다고 여겨져 고세균이라는 이름이 붙었다. 고세균이라고 하면 일반적인 세균보다 진화상 오래된 것, 즉 조상이라고 생각하기 마련이지만, 유전자 분석 결과를 보면 그렇지 않다. 가장 먼저 원핵생물에서 진정세균과 고세균이 나뉘고, 그 후 고세균에서 진핵생물이 등장한 듯하다. 수많은 세균의 유전자 유사성을 토대로 만든 계통수(phylogenetic tree)를 보면, 고세균이 진핵생물과 유연관계(relationship)가 있음이 일목요연하게 드러난다.

고세균은 원핵세포에 속하기 때문에 진정세균과 마찬가지로 명확하게 핵막으로 구분된 '핵'은 없지

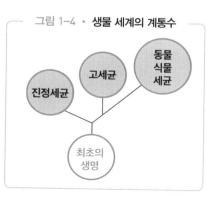

그림 1-4 • **생물 세계의 계통수**

만, 진핵생물의 핵단백질인 히스톤(histone) H3, H4와 매우 유사한 단백질을 가지고 있다. 이 히스톤들이 DNA를 끌어들여 안정화해, 진핵생물의 뉴클레오솜(nucleosome, 2-3 참조)과 비슷한 구조를 만든다.

또한, 원핵생물이 아니라 진핵생물의 특징이라고 여겨지는 유전자 구조의 일종인 '인트론(intron)'을 고세균에서도 발견했다는 사실도 고세균이 진핵생물과 가깝다는 근거 중 하나로 들 수 있다(인트론은 유전자 속에 있으며 DNA에서 mRNA로는 전사되지만, mRNA가 성숙하는 과정 중 배열에서 잘려 나가 단백질 번역에는 사용되지 않는 부분을 가리킨다).

그 외에도 DNA 복제와 관련 있는 단백질, 효소의 다양한 성질, DNA에서 mRNA로 전사하는 구조 등이 매우 흡사하다는 점 등, 고세균과 진핵생물은 유사점이 많다.

표 1-1 · **지구 탄생에서부터 현재까지의 연표**

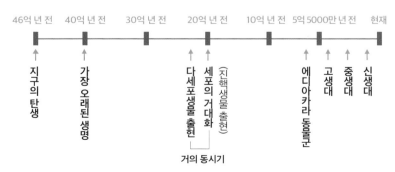

1-5

다세포생물의 등장
-에디아카라 동물군 이야기

지구상에 최초로 탄생한 생물은 '단세포생물'이라고 여겨진다. 그럼 여러 개의 세포로 이루어진 '다세포생물'은 언제 등장했을까?

최근 연구 성과를 보면 다세포생물이 출현한 때는 지금으로부터 약 23억 년 전의 일로 추정된다. 그 무렵은 원핵생물인 남세균이 번성한 시기로 진핵생물 화석은 거의 찾을 수 없는 시대지만, 미국 미시간주의 선캄브리아대 지층에서 매우 희귀한 화석이 발견됐다. 그리파니아 스피랄리스(*Grypania spiralis*)라는 이름이 붙은 조류(algae)로, 가늘고 긴 끈 형태가 이어진 세포 구조로 이루어져 있다.

이 생물이 단순히 세포들이 모인 집단인 군체(colony)인지 아니면 세포의 기능이 각각 분화된 진정한 의미의 다세포생물인지는 불분명하지만, 진핵생물이 등장하고 비교적 이른 시간 내에 이와 같은 다세포생물이 출현했다는 사실은 중요하다고 여겨진다. 지금으로부터 약 40억 년 전에 최초의 생물이 출현했고, 약 20억 년 전에 세포가 거대화해 진핵생물이 등장하기까지 20억 년이나 걸렸지만, 진핵생물의 출현과 다세포생물의 출현은 거의 같은 시기에 이루어졌기 때문이다.

그러나 다세포생물 화석이 많이 발견되는 것은 그로부터 훨씬 이후의 지층부터다.

1946년 호주 애들레이드 북쪽 에디아카라 언덕에 있는 6억~5억 5000만 년 전 지층에서 대량의 화석이 발견됐다. 이 화석들은 육안으로도 확인할 수 있는 생물 화석 중에서는 가장 오래된 화석으로 인정받았다. 이 생물 화석들은 에디아카라 동물군(Ediacara fauna)이라고 하며, 모두 껍데기나 골격이 없고 부드러운 조직만으로 이루어져 있다. 부드러운 조직이지만 화석이 될 수 있었던 이유는 해저에서 생활하던 생물이 흙탕물 등에 휩쓸려 삽시간에 해저 진흙 속에 묻혔기 때문이라고 추정된다.

에디아카라 동물군의 생물은 몸의 두께가 수 mm에서 1cm 정도밖에 되지 않지만, 길이는 수십 cm에서 큰 것은 1m에 달하기도 하는 매우 납작한 몸이 특징이다. 그러나 에디아카라 동물군은 현재 지구상에 있는 어떤 생물과도

그림 1–5 · 에디아카라 동물군의 추정 복원도

카르니오디스쿠스
(Charniodiscus)

디킨소니아
(Dickinsonia)

란게아(Rangea)

트리브라키디움
(Tribrachidium)

스프리기나
(Spriggina)

닮지 않았기 때문에 계통적 관계는 잘 알려져 있지 않다. 또한 포식자의 화석을 발견하지 못한 사실로 미루어 짐작하면, 이 무렵은 아직 먹고 먹히는 먹이사슬 관계가 없었던 듯하다. 이 시대의 생물계를 구약성경에 등장하는 다툼없는 평화로운 낙원인 '에덴동산'에 빗대어 '에디아카라 동산'이라고 하는 사람도 있다.

에디아카라 동물군은 호주에서만 발견되지 않는다. 이와 매우 비슷한 생물 화석이 캐나다의 뉴펀들랜드섬이나 러시아 북서부의 백해 해변, 중국 등 현재 스무 곳이 넘는 장소에서 발견되고 있다.

그러나 에디아카라 동물군은 지금으로부터 약 5억 4000만 년 전인 고생대 캄브리아기(Cambrian period)에 들어가면서 전부 멸종했다고 여겨진다.

이들의 멸종에는 몇 가지 원인을 추정할 수 있는데, 그중 하나는 캄브리아기에 나타나 번성한 삼엽충처럼 단단한 외골격을 지닌 동물들에게 모조리 잡아먹혔으리라는 것이다.

1-6

단세포생물은 단순하지 않다
-단세포와 다세포의 차이

생각이 단순한 사람을 이르러 '단세포'라고 부를 때가 있는데, 정말 단세포 생물은 다세포생물보다 뒤떨어질까? 지금부터 단세포생물과 다세포생물의 차이에 대해 알아보자.

단세포생물은 세포가 커지면 커질수록 세포 구석까지 산소가 충분히 운반 되지 않아서, 세포 크기가 물리적으로 정해진 채 작은 상태에서 더 커지지 않 는다. 그렇기 때문에 종종 다세포생물의 먹이가 되기도 한다. 반면, 개체수가 단시간에 기하급수적으로 늘어날 수 있어서, 적당한 환경만 마련되면 폭발적 으로 증가한다.

단세포생물이 단순히 모여 있기만 한 것이 있다. 각각의 세포가 분업하지 않으면, 이 세포 덩어리를 군체라고 하며, 다세포생물과 구별해 다룬다.

여기서 이야기한 '세포의 분업'이란 무슨 말일까? 우리 인간의 몸은 약 60 조 개의 세포로 이루어져 있는데, 이 세포들은 위치나 역할의 차이에 따라 다양한 모습을 하고 있다. 신경세포는 외부로부터 들어오는 자극을 뇌로 빠 르게 전달하고 다시 뇌의 자극을 근육으로 빠르게 전달하기 위해, 매우 가 늘고 긴 축삭돌기(axon)가 있다. 근육세포는 줄어들거나 늘어나기 위해 세포 안에 근육 수축을 담당하는 근육섬유를 갖추고 있다. 적혈구는 몸 구석구석 으로 산소를 운반하고, 백혈구는 몸에 침입한 바이러스나 세균 등을 공격 한다.

이렇게 보면 다세포생물 쪽이 더 고등하다고 생각하겠지만, 현재 지구상에는 상당히 많은 수의 단세포생물도 서식하고 있다. 이 사실로 보아 단세포생물도 다세포생물에 지지 않는 장점이 있다고 할 수 있다.

단세포생물은 세포분열에서 다음 세포분열까지의 시간이 짧고, 적당한 환경 속에서는 폭발적으로 증가한다. 또한 단세포생물 쪽이 다세포생물보다 적응할 수 있는 환경이 넓다는 특징이 있다. 다세포생물 대부분이 도저히 살 수 없을 법한 극단적인 환경, 즉 초고온, 초저온, 지하 깊은 곳이나 심해와 같이 매우 압력이 높은 장소에서도 단세포생물이 발견되는 점으로 보아, 단세포생물의 적응 범위가 얼마나 넓은지 짐작할 수 있다.

단세포생물은 하나의 세포로 외부의 영양분을 받아들여 물질대사, 노폐물 배출, 운동 등을 해야 하므로 지극히 복잡한 구조로 이루어져 있을 때도 있다. 예를 들어 진핵생물이자 단세포인 원생동물은 배양이 쉬워서 세포 운동을 연구하는 실험 재료로 오랫동안 사용해 왔다. 그런데 클라미도모나스(chlamydomonas)나 유글레나(euglena)의 '편모(flagella)'나 짚신벌레(paramecium)의 '섬모(cilia)'를 자세히 조사해 보니, 실로 복잡한 구조로 이루어져 있다는 사실을 발견할 수 있었다. 편모 속에서는 튜불린(tubulin)과 디네인(dynein)이라는 단백질이 주로 운동에 관여한다. 그러나 원생동물의 동작은 매우 복잡해서, 회전하면서 수영하기도 하고, 어떤 장애물에 부딪히면 반대 방향으로 이동하기도 한다. 연구를 진행할수록 편모에 함유된 단백질이 두 종류에 그치지 않는다는 사실이 알려졌다. 놀랍게도 편모 속에만 적어도 300종 이상의 단백질이 있으며, 이들이 편모의 운동을 미묘하게 조절한다는 사실도 밝혀졌다.

단세포생물의 세포 속 모든 단백질을 합하면 중요한 것만 따져도 수천 종류가 넘는다. 오히려 분업하는 다세포생물의 세포 단백질 종류가 더 적을 정도다.

단세포생물과 다세포생물의 차이는 고등과 하등의 문제가 아니다. 하나의 세포만으로 자유롭게 살아가는 생활을 선택했는가, 아니면 다른 세포와 함께 생활하는 분업 체제로 살아가는 생활을 선택했는가의 차이일 뿐이다.

1-7

캄브리아기 대폭발이란?
-동물의 신체 구조 이야기

　지금으로부터 약 5억 4100만 년 전부터 약 4억 8800만 년 전까지를 캄브리아기라고 하는데, 캄브리아기 초기에 갑자기 다양한 형태의 동물들이 출현했다. 산호나 조개류, 절지동물(arthropoda, 새우나 곤충처럼 몸과 다리에 마디가 있는 동물)의 선조나 척추동물(vertebrata, 등뼈가 있는 동물)의 선조에 이르기까지, 현대의 주요 동물이 지닌 '신체 구조'가 대부분 이 시기에 완성되었다. 캄브리아기가 되고 어느 시기를 경계로 급격하게 다종다양한 동물이 출현했으므로, 이를 캄브리아기 대폭발(Cambrian explosion)이라고 한다.

　생물의 진화를 연구할 때에는 어느 화석과 다른 화석을 연대별로 비교해 어느 생물이 다른 생물로 진화했는지 추측하는데, 캄브리아기 대폭발의 경우는 이 방법이 불가능하다. 동물의 원형으로 볼 수 있는 화석은 전혀 발견되지 않고 매우 짧은 기간 동안 다양한 모습을 한 동물이 출현하는 바람에 비교할 수 없기 때문이다. 조개류가 어떻게 껍데기를 갖게 되었는지, 척추동물의 선조는 어떻게 등뼈를 지니게 되었는지, 절지동물은 어떻게 마디가 있는 다리를 지니게 되었는지, 수수께끼뿐이다.

　그럼 지금부터는 캄브리아기 대폭발로 출현한 다양하고 독특한 동물들을 소개할까 한다. 캐나다 브리티시컬럼비아주의 버제스 셰일(Burgess shale)에서 발견된 화석들이 특히 유명하며, 그 외에도 중국 윈난성의 청지앙 등에서 상태가 좋은 화석들이 발견되고 있다.

가장 유명한 것이 아노말로카리스(Anomalocaris)라는 대형 삼엽충 같은 동물이다. 원래 이 동물의 두 개의 촉수를 보고 새우 같은 동물이라고 여겨 '이상한(anomalo-) 새우(caris)'라는 이름을 붙이고, 파인애플 단면처럼 가운데에 직사각형 구멍이 뚫린 둥근 입을 다른 동물이라고 착각했다. 그 바람에 전체 화석이 발견되기 전까지 오랫동안 모습을 오해하던 동물이다. 아노말로카리스는 당시 최강의 포식자로 여겨지는데, 아노말로카리스에게 잡아먹힌 삼엽충 화석도 발견되었다.

생타카리스(Sanctacaris: 성스러운 새우라는 뜻)는 다리에 마디가 있는 절지동물의 선조로, 현재의 거미나 전갈, 투구게와 가까운 동물이라고 추정된다.

피카이아(Pikaia)는 척추동물의 선조로 여겨지는 척삭동물인 창고기(amphioxus)와 매우 비슷한 형태를 하고 있다. 이 화석이 발견되면서 캄브리아기 대폭발 이전에 척삭동물의 원형이 완성되었다는 사실이 밝혀졌다. 피카이아가 어떻게 등에 막대기 모양의 척삭을 지니게 되었는지는 아직도 수수께끼다.

위왁시아(Wiwaxia)는 타원형의 몸 윗부분이 비늘로 덮여 있고, 등에 고슴도치처럼 날카로운 가시가 여러 개 튀어나와 있는 동물이다. 몸의 바닥 부분에는 비늘이 없는 점으로 보아 해저를 기어 돌아다니며 위에서 습격해 오는 아

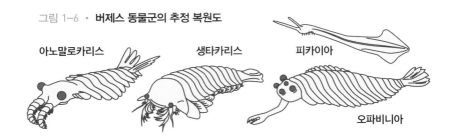

그림 1-6 · **버제스 동물군의 추정 복원도**

아노말로카리스   생타카리스   피카이아

오파비니아

노말로카리스 같은 포식자로부터 몸을 지킨 것으로 추정한다.

오파비니아(Opabinia)는 5개의 눈이 있으며 진공청소기 호스처럼 생긴 긴 관 형태의 기관이 머리에서 튀어나온 기묘한 동물이다. 이 동물이 처음 학회에 발표됐을 때, 너무나 기묘한 모습을 하고 있어서 발표회장에서는 한동안 웃음이 멈추지 않았다고 한다. 이 동물의 입은 긴 관 끝이 아니라 머리와 연결되는 뿌리 부분에 있다. 그래서 관처럼 생긴 기관이 마치 코끼리 코처럼 먹이를 쥘 때 보조 역할을 하지 않았을까 추정된다.

할루키게니아(Hallucigenia)라는 동물은 '환각 같은'이라는 뜻의 이름이 상징하듯, 꿈속에서 볼 법한 기묘한 모습의 동물이다. 구체적으로 말하면 갯지렁이 같은 몸통에 긴 가시가 자라난 모습을 하고 있는데, 최초의 복원도에서는 위아래가 거꾸로 되어 있었다.

오돈토그리푸스(Odontogriphus)는 짚신처럼 납작한 타원형 몸을 하고 있다. 머리의 바닥면에는 작은 이빨이 나 있는데, 오늘날 연체동물(조개나 오징어, 문어 등의 무리)의 치설과 매우 비슷한 점으로 보아 연체동물에 가까운 동물이라 여겨진다.

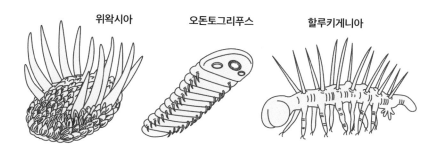

위왁시아   오돈토그리푸스   할루키게니아

1-8

여러 차례 대량절멸의 위기에 직면해 온 생물
– 고생대, 중생대, 신생대의 경계

　지구의 역사는 고생대 이전과 고생대, 중생대, 신생대로 나뉘는데, 이렇게 구분하는 이유는 뭘까? 사실 지질시대의 경계는 생물의 멸종과 관계가 있다.

　중생대와 신생대의 경계에 해당하는 중생대 백악기 말, 지구에 소행성이 충돌해 거의 같은 시기에 공룡이 멸종했다는 가설은 유명하다. 그런데 이보다 훨씬 무시무시한 생물의 대량절멸(대멸종이라고도 한다)이 일어났다는 사실을 알고 있는가?

　고생대와 중생대 사이인 지금으로부터 약 2억 5000만 년 전인 고생대 후기 페름기 말에 바다에 사는 생물 중 최대 96%가, 모든 종으로 따지면 90~95%의 생물이 멸종했다. 삼엽충은 이 시점에 모습을 감췄고, 푸줄리나(Fusulina, 원생동물인 유공충의 일종. 단세포생물인데도 석회질 껍데기가 있었으며, 크기는 수 mm에서 1cm 정도다. 방추형을 띤 고생대의 전형적인 화석)나 완족류(Brachiopod, 개맛이나 세로줄조개사돈 등과 가까우며 완족동물(Brachiopoda)이라고도 하는 고생대의 전형적인 화석), 연체동물(조개류), 환형동물(지렁이나 갯지렁이 등의 무리), 절지동물(거미, 전갈, 새우, 곤충 등의 무리) 등 수많은 종이 멸종했다. 이 시기에 지구가 몹시 뜨거워지면서 해수면이 급격히 낮아졌다는 사실이 최근 연구를 통해 밝혀졌다.

　지구가 더워진 원인은 아직 확실하지 않다. 화산활동이 활발해지고 대규모

산불이 발생해 지구환경이 급변하면서 평균 해수면 온도가 40℃에 달했다고 추정할 뿐이다. 이 시기에 발생한 지구온난화 때문에 생물들은 20만 년에 걸쳐 서서히 멸종했고, 중생대에 들어 생물종 수가 원상태로 회복하기까지 500만 년이나 걸렸다고 한다. 이와 같은 대량절멸 중 특별히 큰 규모의 멸종은 다섯 번 일어났는데, 이를 빅 파이브(big five)라고 하기도 한다. 대량절멸이 일어날 때마다 그 시대에 번성했던 생물이 급격히 멸종하고 다시 새로운 생물이 늘어나는 현상이 반복되어 왔다.

현재 지구의 평균 해수면 온도는 18℃ 정도인데, 대기 속 이산화탄소 농도가 계속 높아져 지구온난화의 영향을 받으면 고생대 말에 일어났던 생물의 대량절멸과 똑같은 현상이 다시 일어날 수도 있다. 여섯 번째 대량절멸이 일어나느냐 아니냐는 우리 인류가 지구온난화의 영향을 최대한 막을 수 있느냐 없느냐에 달려 있다.

표 1-2 · **대량절멸**

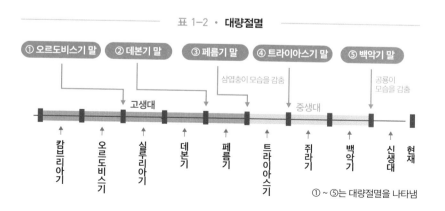

① ~ ⑤는 대량절멸을 나타냄

1-9

 생물의 진화는 사실일까
-바이러스나 미생물의 약제내성 사례

19세기 영국의 자연과학자 찰스 다윈(Charles Robert Darwin, 1809~1882)이 제창한 진화론은 현재 생물학계에서 폭넓게 받아들여지고 있다. 다윈의 이론을 간단히 말하면 '모든 생물은 공통 조상에서 시작하며, 오랜 시간에 걸쳐 자연선택에 의해 진화한다.'라고 할 수 있다.

자연선택설은 세 가지 중요한 사항으로 이루어져 있다. ① 같은 생물종이라도 다양한 변이가 일어나며 그 결과 신체 특성과 행동 양식 등이 다양하게 변함(돌연변이(mutation)), ② 이 변이가 부모에서 자식으로 전해짐(유전), ③ 혹독한 자연환경 속에서 적응한 생물만 살아남음(자연선택)이다. 이렇게 최초에 존재한 생물종과는 다른 생물종이 탄생하고 이 과정을 반복하며 전 세계에 다양한 생물종이 탄생했다는 사고방식이다.

그러나 진화는 매우 오랜 시간이 걸린다고 여겨지므로, 인간의 일생 동안 이를 증명하기란 매우 어렵다. 원숭이가 진화해 사람이 되었다는 주장을 확인하려면 유인원과 사람이 갈라지는 분기점이라고 추정하는 1300만 년 전부터 현재까지 쭉 지켜봐야 하는데, 우리 인간이 이 과정을 시간을 따라 조사하기란 절대 불가능하기 때문이다.

대신 누구나 인정하는 진화의 예로 바이러스나 미생물 등의 약제내성을 들 수 있다. 타미플루(Tamiflu) 같은 항바이러스제가 듣지 않는 인플루엔자바이러스가 출현하거나, 병원에서 약제에 내성을 지닌 병원균이 출현해 항생물질이 듣지 않는 등의 사례는 잘 알려져 있다.

약제가 듣지 않는 병원균은 주로 세 가지 방법을 이용해 약제를 물리친다. ① 약제를 분해하거나 화학구조를 바꾸는 효소를 생성해 약제를 자신에게 무해한 물질로 바꾸는 방법, ② 병원균 쪽 약제 결합 부위의 구조를 바꾸는 방법, ③ 약제를 배출하는 펌프를 획득하는 방법이다. 모든 방법이 유전자에 돌연변이가 일어나 그것이 자손에게 전해지며, 환경에 적응한 개체만 살아남는 진화의 자연선택 조건을 충족한다.

지금까지 이야기한 진화는 새로운 종이 탄생하지 않는 작은 형질 변화 수준의 진화이므로 '소진화(microevolution)'라고 한다.

그러나 새로운 종이 탄생하거나 척추가 없는 동물(무척추동물)에서 척추가 있는 동물(척추동물)이 출현하는 등의 '대진화(macroevolution)'는 여전히 현대 과학으로는 거의 설명할 수 없다. 예를 들어 기린의 목은 어떤 과정을 거쳐 길어졌는지, 코끼리의 코는 어떻게 길어졌는지 등의 문제는 아직 설명하지 못하는 것이 현실이다. 어쩌면 실험으로는 재현할 수 없는 생물학의 커다란 난제로 영원히 해결하지 못한 채 남게 될지도 모른다.

1-10

척추동물의 진화
－최신 게놈 연구를 통해 드러난 사실

1990년대에 이르러 유전자 분석 기술이 비약적으로 발전한 덕분에 지금까지 상상도 하지 못한 대규모 연구가 가능해졌다. 바로 생물종에 들어 있는 게놈(genome), 이른바 모든 유전정보(구체적으로 말하면 DNA 염기서열 전체)를 파악하는 것이다.

2003년 미국, 일본, 유럽 각국이 협력해 추진한 '인간게놈프로젝트'가 종료하며 사람이 지닌 약 30억 개 염기쌍의 모든 염기서열이 밝혀졌다. 2012년까지 게놈 해석이 끝난 생물종은 미생물 중심으로 3000종이 넘으며, 지금도 매년 증가하고 있다. 척추동물 중에서는 척추동물의 조상으로 볼 수 있는 척삭동물인 창고기부터 어류, 양서류, 파충류, 조류, 포유류에 달하는 분류군에서 다양한 생물종의 게놈이 보고되고 있다. 이 자료를 기반으로 생물종 사이의 게놈을 비교 해석해, 유전자 단계에서 척추동물의 진화 과정을 조사할 수 있게 되었다.

척추동물은 척삭동물에서 분화하여 다양해졌다. 척삭동물(척추의 원시 형태인 척삭이 있는 동물)인 창고기류가 분화되고, 턱이 없는 물고기인 먹장어가 분화되었으며, 턱은 있는데 뼈가 물렁물렁한 물고기인 연골어류가 분화되었다. 연골어류에서 뼈가 단단한 물고기인 경골어류가 분화되었고, 이 중 폐를 가지고 땅 위를 다닐 수 있는 물고기인 총기어류가 분화되었다. 총기어류에서 수중과 육지를 오가며 살 수 있는 양서류가 분화되었고, 좀 더 피부가 두

꺼워서 건조해도 견딜 수 있는 파충류가 분화하였다. 파충류의 일부는 깃털이 있는 조류가 되었고, 또 다른 일부는 깃털이 아니라 털이 나 있으며 젖을 먹여 키우는 포유류로 분화하였다고 추정된다.

먼저 게놈 사이즈(genome size)를 보면, 진화함에 따라 서서히 증가하지 않는다. 인간의 게놈 사이즈가 약 30억 개인 데 비해, 복어는 같은 척추동물임에도 약 3억 5000만 개(사람의 약 9분의 1)으로 훨씬 적었고, 폐어(lungfish)인 프로톱테루스(Protopterus)는 1300억 개(사람의 약 40배)로 훨씬 많았다. 한편 유전자 수를 보면, 인간은 약 2만 개지만, 복어는 3만 8000개나 되었다. 즉, 게놈 사이즈나 유전자 수는 척추동물의 진화와는 크게 관련이 없다.

척삭동물인 창고기는 척추동물의 직계 조상으로 추정된다는 이유로 게놈 해석에 대한 기대가 컸다. 창고기의 게놈 해석 결과, 사람과 창고기는 생물의 기관과 몸의 형태 형성 과정에서 중요한 작용을 하는 12개의 호메오박스(homeobox) 유전자군의 배열 방식이 매우 유사해, 모두 공통 조상에서 진화했다는 사실이 밝혀졌다. 또한 창고기는 이 유전자군이 1세트밖에 없지만, 물고기에서 사람까지 이르는 모든 척추동물은 4세트가 있다는 사실도 알게 되었다. 이로써 척삭동물에서 척추동물이 탄생하는 시점에 이 유전자군이 4배 증가했다고 추정할 수 있다. 그렇다면 이 현상은 호메오박스 유전자군만의 이야기일까? 아니다. 사람과 흰쥐의 게놈을 비교했을 때, 매우 흥미로운 사실을 알 수 있었다. 4개의 염색체(2, 7, 12, 17번 염색체) 위에 몇 개의 공통 유전자가 같은 순서로 나열해 있는 영역인 신테니(synteny)를 발견한 것이다. 이는 사람과 흰쥐의 공통 조상이 지닌 염색체 자체가 4배 증가했다는 사실을 나타낸다. 이것을 유전자중복(gene duplication)이라고 한다.

이러한 사실로부터 척추동물은 진화의 초기 단계에서 모든 유전자중복이 두 번 일어나, 같은 유전자를 4세트 가지게 되었다고 추정할 수 있다. 이 가설을 2R 가설(2R hypothesis)이라고 하며, 슈퍼컴퓨터를 사용해 다양한 척추동물의 게놈을 비교한 결과, 이 가설이 타당하다고 인정돼 현재에 이르고 있다.

다만 사람의 유전자 수는 약 2만 개로 다른 척추동물에 비하면 그리 많지 않은데, 게놈이 4배로 늘었지만 같은 작용을 하는 유전자를 잃었기 때문이라고 추정된다.

1-11

공룡은 지금도 살아 있다?
−공룡의 생존자, 새

공룡은 중생대 백악기 말에 멸종했다는 것이 일반적인 견해다. 그런데 지금도 공룡이 살아 있다면 어떨까? 20세기 최대 미스터리 중 하나인 영국 네스호의 네시가 아니라, 바로 흔히 볼 수 있는 새 이야기다. 공룡과 새는 골격이 매우 비슷해서 유연관계가 가깝지 않을까 의심해 왔는데, 최근 연구를 통해 새가 공룡의 직계 후손이라는 증거가 다수 발견되었다.

새가 공룡과 비슷하다고 인정받는 최초의 증거는 독일 바이에른주 졸른호펜에서 처음 발견됐다. 그것은 바로 중생대 쥐라기인 약 1억 5000만 년 전의 지층에서 발견된 '시조새' 화석이다. 이 화석은 부리에 이빨이 나 있어 새와 공룡의 특징을 모두 갖추고 있으면서 깃털의 흔적까지 있었기 때문에, 새의 역사는 시조새에서 출발했다고 여겨졌다. 그러나 모든 새에 있는 쇄골이 없다는 점은 시조새가 새의 조상이라는 주장에 의문을 품게 했다.

하지만 1973년이 되어 미국의 고생물학자 존 오스트럼(John Harold Ostrom, 1928~2005)이 공룡 중 수각류인 데이노니쿠스 안티로푸스(*Deinonychus antirhopus*)에 쇄골이 있다는 사실을 밝혀내고, 그 후 중국에서 깃털이 많은 공룡 화석이 차례차례 발견되면서 새가 공룡의 직계 자손임이 확실해졌다.

옛날에는 공룡 복원도를 제작할 때 대다수가 코끼리처럼 잿빛이나 짙은 갈색으로 표현했지만, 최근에는 색이 다양한 공룡이 많이 늘었다. 화석밖에 발견하지 못한 공룡의 색 따위를 어떻게 아느냐고 생각하는 사람도 많겠지만, 공룡을 화려하게 채색한 데에는 근거가 있다. 2010년 미국의 연구 팀이 깃털 공룡의 일종인 안키오르니스(Anchiornis)의 깃털 흔적을 전자현미경으로 자세히 조사해 보니, 멜라닌 색소가 들어 있는 세포내기관인 멜라노솜(melanosome)의 형태가 신체 부위에 따라 달랐다. 구형의 페오멜라노솜(pheomelanosome)이 검출된 머리 부위 털은 적갈색이고, 막대형의 유멜라노솜(eumelanosome)이 검출된 뒷다리 털은 검은색이라는 사실이 밝혀진 것이다.

게다가 새가 공룡의 직계 자손이라면, 공룡도 다양한 색을 띠었을 것이라는 추정이 성립한다. 지금까지 공룡은 악어와 가깝다고 여겼기 때문에 주로 수수한 색으로 복원했다. 그러나 새는 색을 식별하는 시각세포가 있으므로 틀림없이 공룡도 시각세포를 이용해 색을 구분할 수 있었고, 수컷이 암컷을 유혹하기 위해 몸을 화려한 색으로 꾸미지 않았을까 추정하게 되었다.

1-12

인류는 어디에서 탄생했을까
–아프리카에서 발견된 인류 화석

생물의 긴 진화 역사에서 가장 호기심을 불러일으키는 것이 인류의 기원 아닐까? 사람이 원숭이에서 진화했다는 이론을 머리로는 이해할 수 있고, 다양한 인종이 있다는 사실도 알고 있지만, 인류가 어디서 어떻게 태어나 어떤 경로로 전 세계로 퍼져 다양한 인종과 민족이 태어났느냐 하는 문제는 틀림없이 많은 사람들이 궁금해할 것이다.

현재까지 생물학이나 인류학, 고고학 등 모든 학문 분야에서 인류의 역사를 밝혀냈는데, 이 책에서는 최신 연구 성과에 대해 이야기하려 한다.

먼저, 사람과 원숭이의 관계다. 게놈 분석 결과를 보면 사람과 침팬지의 차이는 대략 1.23%라고 추정한다. 유전자 수는 양쪽 모두 2만 개 정도로, 둘의 게놈이 매우 비슷하다는 사실을 알아냈다. 사람과 침팬지는 지금으로부터 약 700만~800만 년 전 공통의 조상에서 갈라졌다고 하는데, 사람만이 일상적으로 두 발로 걸으며 불을 사용해 음식을 조리하고 언어를 자유롭게 구사하게 되었다.

화석 증거로 보아 인류의 선조는 아프리카에서 생활했다고 여겨지는데, 전세계에 있는 다양한 인종의 미토콘드리아 DNA(1-3 참조)를 해석해 보니, 역시 아프리카가 인류 탄생의 땅이라는 사실이 증명되었다. 유전자에는 시간의 경과에 따라 돌연변이가 축적되어 가는 특징이 있다. 이를 토대로 같은 장소에 사는 사람들을 비교해 보면, 가장 변이가 큰 장소를 인류가 최초로 출

현한 장소라고 추측할 수 있다. 이 방식으로 조사했을 때, 역시 아프리카에
사는 사람들 사이에 변이가 가장 크게 축적되어 있었다.

이렇게 유전자를 이용한 분자계통학적 분석을 통해, 모든 인류는 지금으
로부터 약 14만 년 전에 공통 조상이 존재했으며 약 7만 년 전에는 동아시
아인과 유럽인의 공통 조상이 존재했다는 사실을 추정할 수 있다.

많은 사람들이 오스트랄로피테쿠스 → 호모 에렉투스 → 네안데르탈인 →
현생인류로 진화했다고 알고 있지만, 화석의 뼛속에서 추출한 미토콘드리아
DNA를 조사하면서 반드시 그렇지만은 않다는 사실을 알 수 있었다.

특히 주목해야 하는 것은 네안데르탈인과 현생인류의 관계인데, 이스라엘
에 있는 약 5만 5000년 전의 같은 시기 지층에서 양쪽 화석이 모두 발견되면
서 네안데르탈인과 현생인류가 같은 시기에 같은 장소에서 공존했다는 사실

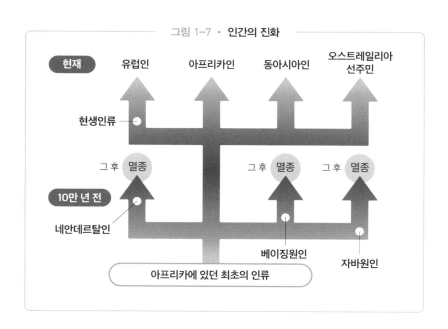

그림 1-7 · **인간의 진화**

을 알게 되었다. 한편 미토콘드리아 DNA 분석으로 양쪽이 공통의 조상에서 갈라진 시기가 지금으로부터 약 60만 년 전이라는 사실을 발견했다. 이 결과를 토대로 네안데르탈인에서 현생인류가 탄생한 것이 아니라, 네안데르탈인과 현생인류는 전혀 다른 종류라고 생각하게 되었다.

제**2**장

세포의 구조부터
개체의 형성까지

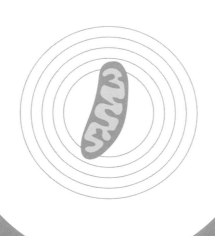

2-1

모든 생물은 세포로 이루어져 있다
－세포의 구조와 기능

우리 몸은 수많은 세포로 이루어져 있다. 현대의 우리는 수많은 세포가 모여 생물을 이룬다는 사실을 듣거나 배워서 알고 있지만, 사실 세포의 발견은 그리 오래되지 않았다. 그래서 수많은 세포가 모여 우리 몸을 이룬다는 말을 들어도 생생하게 와닿지는 않을지 모른다.

예를 들어 혈액 속 적혈구와 백혈구는 각각 하나의 세포로 이루어져 있다. 만약 육안으로 볼 수 있다면 틀림없이 오랜 옛날부터 세포의 존재를 알 수 있었을 것이다. 그런데 아쉽게도 적혈구의 크기는 지름 7~8μm, 두께는 2μm (1μm=1000분의 1mm)밖에 안 된다. 우리가 육안으로 식별할 수 있는 최소 크기는 0.1mm(100μm 정도)이므로, 우리의 세포는 우리의 몸이지만 인류의 오랜 역사 속에서도 발견할 수 없었다.

처음으로 세포를 관찰한 사람은 17세기 영국의 과학자 로버트 훅(Robert Hooke, 1635~1703)이다. 그가 현미경을 사용해 코르크 절편을 관찰하니, 코르크는 수많은 작은 방으로 이루어져 있었다. 1665년 그는 이 사실을 발표하고 세포를 처음으로 셀(cell)이라고 불렀다. 세포의 발견은 인류의 오랜 역사로 봤을 때 그다지 먼 옛날 일이 아닌 것이다.

훅이 발견한 것은 세포 그 자체가 아니라 죽은 세포의 세포벽이었지만, 그 후 살아 있는 식물은 물론 동물까지 '모든 생물은 세포라는 단위로 이루어진다.'는 사실이 드러났다.

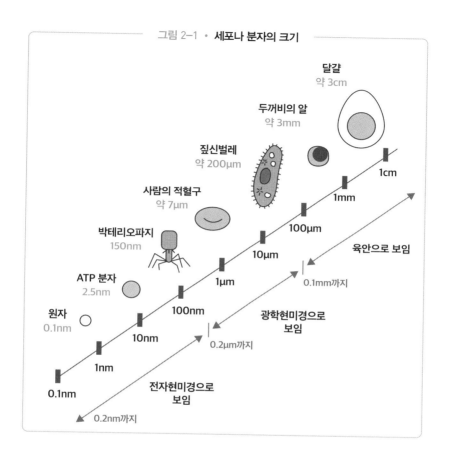

그림 2-1 · 세포나 분자의 크기

달걀
약 3cm

두꺼비의 알
약 3mm

짚신벌레
약 200μm

사람의 적혈구
약 7μm

박테리오파지
150nm

ATP 분자
2.5nm

원자
0.1nm

1cm

1mm

100μm

10μm

1μm

100nm

10nm

1nm

0.1nm

육안으로 보임

0.1mm까지

광학현미경으로
보임

0.2μm까지

전자현미경으로
보임

0.2nm까지

세포에는 두 종류가 있다
-원핵세포와 진핵세포의 차이

그럼 생물에게 세포란 무엇일까? 세포는 외부와 내부를 가르는 경계인 세포막으로 표면이 둘러싸여 있는데, 이를 통해 외부 환경을 차단해 내부 환경을 일정하게 유지할 수 있다. '생물은 대체 뭘까?'라거나 '생물과 무생물의 차이는 뭘까?'라는 질문에 답하기는 상당히 어렵다. 하지만 생물은 모두 '세포'라는 단위로 이루어져 있으므로, 이를 생물의 정의라고 볼 수 있다.

세포는 크게 원핵세포(prokaryotic cell)와 진핵세포(eukaryotic cell)로 나뉜다. 제1장 〈생명의 탄생부터 인류의 출현까지〉에서도 이야기했지만, 지금부터 좀 더 자세히 알아보도록 하자.

지구상에 최초로 출현한 생물은 아마 원핵세포로 이루어진 원핵생물이었으리라 여겨진다. 원핵생물에는 진정세균과 고세균이 포함되는데, 둘 다 세포 속 구조가 그다지 명확하지 않고 핵이나 미토콘드리아 등의 세포소기관이 없는 것이 특징이다. 원핵세포의 크기는 전형적인 세균이 $0.5{\sim}1\mu m$ 정도밖에 안 된다.

한편, 진핵세포는 현재 전 세계에 있는 모든 동물, 식물, 균류의 세포가 해당하며, 세포소기관이 있는 것이 큰 특징이다. 크기는 원핵세포보다 훨씬 커서 $5{\sim}100\mu m$ 정도다.

그림 2-2 • **원핵세포(세균의 세포)와 진핵세포(동물세포와 식물세포)**

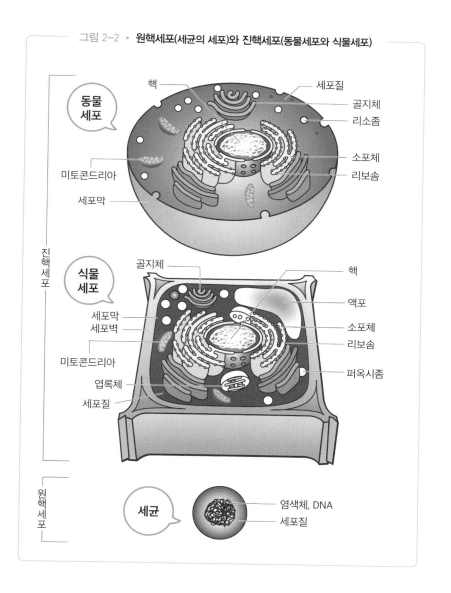

제
2
장

세
포
의
구
조
부
터
개
체
의
형
성
까
지

2-3

세포의 설계도를 소장하는 도서관
– 핵 이야기

세포가 살아 있으려면 생명 활동을 유지하기 위한 다양한 단백질이 필요하다. 단백질을 만들기 위해 필요한 설계도는 유전자인 DNA에 해당한다. 유전자가 파괴되면 세포가 죽어 버리므로, DNA를 소중히 보관할 장소가 필요하다. 이것을 도서관에 비유하면 이해하기 쉽다. 도서관에 해당하는 것이 '핵'이라는 세포소기관이다. 핵은 두 장의 핵막(외막과 내막)에 싸인 공 같은 형태를 하고 있다. 이 안에 유전자인 DNA가 들어 있는데, 평소에는 핵 밖으로 나오지 않는다.

DNA는 매우 중요한 설계도라 도서관에서 대출이 금지됐다고 생각하면 이해하기 쉽다. 반면, 설계도의 복사본은 언제나 도서관에서 가지고 나갈 수 있다. 세포 속에서는 mRNA(전령 RNA 또는 메신저 RNA의 약어)가 설계도 복사본에 해당한다. 핵 속의 '인(nucleolus)'이라는 부분에서는 DNA로부터 mRNA를 왕성하게 합성한다. 합성된 mRNA는 핵에서 나와 리보솜이라는 기관과 결합해 유전자에 해당하는 단백질을 합성한다.

핵 속 DNA는 어떤 상태로 보관돼 있을까? DNA는 매우 긴 끈 형태의 분자이므로, DNA만 있으면 서로 엉켜 버릴 염려가 있다. 그래서 산성을 띠는 DNA는 히스톤이라는 염기성이 강한 단백질과 합성해 전기적으로 중화된 뉴클레오솜(nucleosome)이라는 안정한 구조로 저장돼 있다.

뉴클레오솜은 마치 요요에 실을 두 번 감은 것처럼 보인다. 유전자가 활동할 때는 유전자 부분의 DNA가 히스톤에서 풀려 노출된다. 그곳에 전사인자(transcription factor)나 RNA 합성 효소가 결합해 유전자에서 RNA로 전사가 이루어진다.

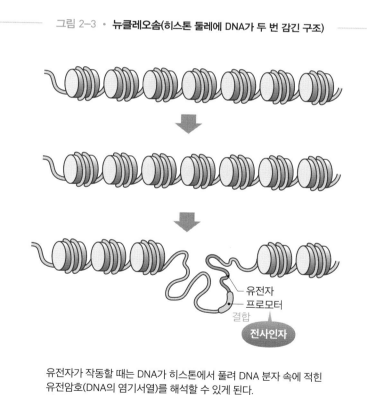

그림 2-3 · **뉴클레오솜(히스톤 둘레에 DNA가 두 번 감긴 구조)**

유전자
프로모터
결합
전사인자

유전자가 작동할 때는 DNA가 히스톤에서 풀려 DNA 분자 속에 적힌 유전암호(DNA의 염기서열)를 해석할 수 있게 된다.
전사인자가 프로모터와 결합하면 전사가 촉진된다.

2-4

세포 속 발전소
-미토콘드리아 이야기

생물이 생명 활동을 영위하려면 에너지가 필요하다. 세포는 탄수화물이나 지질 등의 영양분을 분해할 때 얻는 에너지를 사용해 물질대사를 하거나 운동한다. 세포 속에서 에너지를 만들어 내는 이른바 발전소에 해당하는 것이 미토콘드리아(mitochondria: mito는 실, chondria는 과립이라는 의미)라는 세포소기관이다.

세포 속에서는 먼저 세포질(cytoplasmic matrix)이라는 액체 부분에서 포도당이 분해되어 피루브산(pyruvic acid)이라는 물질이 생성된다. 미토콘드리아는 피루브산을 적극적으로 받아들여 산화해 최종적으로 이산화탄소와 물로 분해하는데, 이 과정에서 얻는 에너지를 이용해 아데노신3인산(ATP, 3-7 참조)을 합성한다. ATP는 에너지가 필요한 부분으로 운반되고 필요에 따라 분해되며, 이때 생기는 에너지로 인해 우리 몸은 다양한 활동을 한다.

대다수의 생물학 책에서 미토콘드리아는 마치 소시지 같은 모양을 하고 있는데, 실제로는 끈 모양이나 가지를 쳐 그물 모양이 된 것까지 여러 모양이 있다. 미토콘드리아를 절단해 관찰하면 외막과 내막이라는 두 개의 막으로 이루어진 모습을 볼 수 있다. 내막은 미토콘드리아 안쪽에 주름 모양으로 형성되어 외막보다 표면적이 훨씬 넓은 독특한 구조를 띤다.

내막에는 ATP를 합성하는 효소가 쭉 연결돼 있어서 높은 효율로 ATP를 합성할 수 있다.

운동선수 중에는 단거리달리기가 특기인 사람과 장거리달리기가 특기인 사람이 있다. 단거리달리기가 특기인 사람의 근육을 조사해 보면 속근(fast muscle, 빨리 수축하지만, 금방 지치는 근육)이 많고, 장거리달리기가 특기인 사람은 지근(slow muscle, 천천히 수축하지만, 지구력이 있는 근육)이 많다는 사실을 알 수 있다. 지근은 속근보다 미토콘드리아 수가 많고, 속근보다 높은 효율로 ATP를 생산해 에너지를 얻을 수 있다.

미토콘드리아는 원래 다른 개체였던 세균이 다른 세포 속에 들어가 공생한 것으로 추정되는데, 그 증거로 미토콘드리아 내부에 있는 미토콘드리아 DNA가 있다. 미토콘드리아 DNA는 생물종 간의 유연관계를 조사할 때 이용된다.

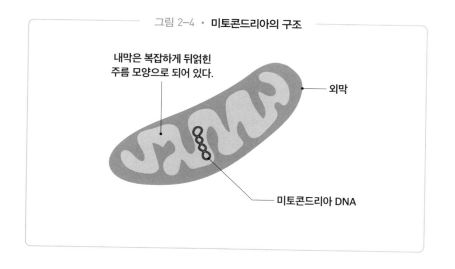

그림 2-4 · **미토콘드리아의 구조**

내막은 복잡하게 뒤얽힌
주름 모양으로 되어 있다.

외막

미토콘드리아 DNA

2-5

세포 속 물질의 통로(소포체와 골지체)
–화장하는 단백질

진핵세포의 내부는 단순하지 않고 다양한 물질을 수송하는 경로가 있다. 그중에서도 소포체와 골지체라는 세포소기관은 단백질을 효율적으로 수송할 뿐만 아니라, 단백질이 그 경로를 통과하는 동안 미숙한 단백질을 인산화(phosphorylation)하거나 당사슬을 붙이는 등 화장을 하듯 다양하게 꾸며 생체 내부와 외부에서 활동하도록 돕는 중요한 역할을 한다.

리보솜이 결합한 거친면 소포체(rough endoplasmic reticulum)에서는 DNA에서 전사한 mRNA의 유전정보를 기반으로 왕성하게 단백질을 합성(번역)한다. 합성된 단백질은 소포체 막을 통해 소포체 내부로 들어간다. 단백질이 들어간 소포체는 끊어져 소낭의 형태로 골지체 쪽으로 이동한다. 그동안 단백질의 가늘고 긴 사슬에는 분자 샤페론(molecular chaperone, 단백질의 입체 구조를 만드는 데 도움을 주는 단백질)이 결합해 작게 접히는 현상이 일어나 정상적인 입체 구조가 형성된다. 작게 접히지 않은 단백질은 분자 샤페론의 작동으로 소포체에서 쫓겨나 프로테아솜(proteasome)이라는 단백질 분해 장치에 걸려 분해된다.

정상적인 입체 구조로 접힌 단백질은 골지체 안에서 당사슬 구조와 결합해 성숙한 단백질로 완성된다. 성숙한 단백질은 세포 밖으로 방출돼 세포막 표면의 막단백질이나 분비단백질로 활동한다.

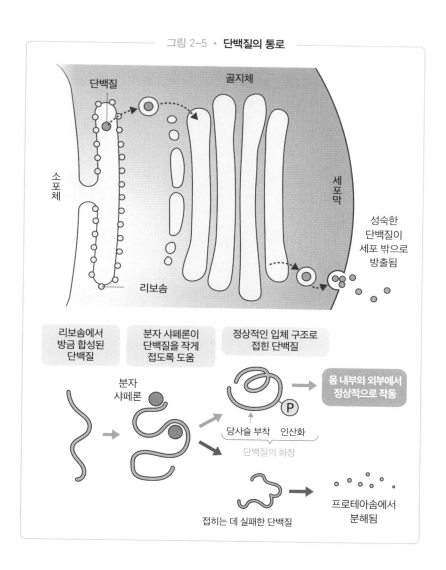

그림 2-5 · **단백질의 통로**

단백질

골지체

단백질

소포체

리보솜

세포막

성숙한
단백질이
세포 밖으로
방출됨

리보솜에서
방금 합성된
단백질

분자 샤페론이
단백질을 작게
접도록 도움

정상적인 입체 구조로
접힌 단백질

분자
샤페론

몸 내부와 외부에서
정상적으로 작동

P

당사슬 부착   인산화

단백질의 화장

접히는 데 실패한 단백질

프로테아솜에서
분해됨

제
2
장

세포의 구조부터 개체의 형성까지

57

2-6

세포 속에 뼈가 있다?
－세포골격의 역할

우리는 뼈가 있기 때문에 중력을 거슬러 몸을 지탱할 수 있다. 세포 속에도
세포의 구조를 지탱하는 뼈 같은 구조가 있는데, 이것을 세포골격(cytoskeleton)
이라고 한다. 텐트를 펼 때 기둥을 세우고 그 주위로 천막을 두르는데, 세포
막이 천막이라고 하면 세포골격은 텐트를 지탱하는 기둥이라 할 수 있다.

세포골격은 주로 세 종류의 섬유로 이루어져 있는데, 두께에 따라 미세섬
유, 미세소관, 중간섬유로 나뉜다. 이 섬유가 다발이 되거나 복잡한 그물 형
태가 되거나 튼튼한 구조를 만들어 안쪽에서 세포를 지탱한다. 그중 미세섬
유는 입자 상태의 단백질인 액틴이 중합해 지름 7nm(1nm=100만 분의 1 m)의
섬유를 만든 것이다. 미세섬유는 근육섬유의 수축과 세포 내의 물질 이동에
관여한다. 지름 25nm 두께의 섬유를 미세소관(microtubule)이라고 하며, 입자
상태의 튜불린(tubulin) 단백질이 중합해 빈 관을 만든다. 미세소관은 편모나
섬모의 움직임, 세포소기관이나 세포분열 시 염색체의 이동에 관여한다. 지
름 8~12nm의 중간섬유(intermediate fiber)는 핵과 세포소기관의 위치를 고정하
는 데 중요한 역할을 한다.

세포골격은 세포를 지탱할 뿐만 아니라 세포 운동이나 세포분열, 세포 내
의 물질 수송 등에도 중요한 역할을 담당한다.

동물세포는 체내에서 꺼내 페트리접시에서 배양할 수 있는데, 이것을 현미
경으로 관찰하면 세포가 페트리접시 속을 이동하는 모습을 볼 수 있다. 세포

가 이동하는 방향을 앞이라고 가정하면, 세포는 앞부분으로 위족(pseudopoda, 가족 또는 헛발이라고도 한다)이라는 납작한 만두피 같은 구조를 뻗는다. 이때 세포는 앞부분을 한 변으로 하는 삼각형 모양이 되며, 위족 끝을 페트리접시 바닥에 붙여 고정한다. 다음으로 세포 속 뒤쪽에 있던 물질을 앞쪽으로 이동시킨다. 그리고 마지막으로 세포 뒤쪽을 수축해 앞쪽으로 잡아끈다. 이 과정을 반복해 세포는 한 방향으로 이동할 수 있다.

이때 세포 속 세포골격은 어떻게 될까? 앞으로 뻗은 위족에서는 입자 상태의 액틴 분자가 한 방향으로 중합해 미세소관을 만들어 앞으로 뻗어 나간다. 한편, 세포 뒤쪽에서는 근육운동(7-1 참조)과 마찬가지로 액틴이 미오신(myosin)과 상호작용해 뒤쪽을 수축한다.

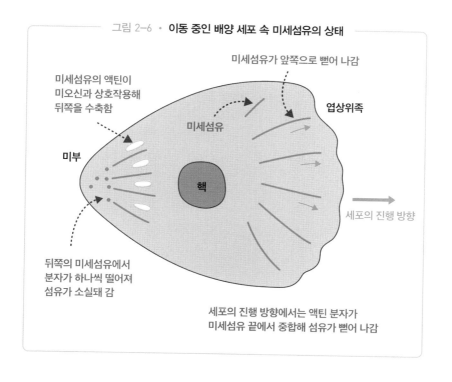

그림 2-6 · **이동 중인 배양 세포 속 미세섬유의 상태**

미세섬유가 앞쪽으로 뻗어 나감

미세섬유의 액틴이
미오신과 상호작용해
뒤쪽을 수축함

엽상위족

미세섬유

미부

핵

세포의 진행 방향

뒤쪽의 미세섬유에서
분자가 하나씩 떨어져
섬유가 소실돼 감

세포의 진행 방향에서는 액틴 분자가
미세섬유 끝에서 중합해 섬유가 뻗어 나감

2-7

 세포는 어떻게 완전히 똑같은
두 개의 세포로 나뉠까
-세포분열 이야기

1-2에서 이야기한 것처럼, 생물의 매우 중요한 특징 중 하나는 같은 개체를 만드는 시스템을 갖추고 있다는 점이다. 이 시스템의 근본이 바로 세포분열이다.

세포분열에 의해 하나의 세포에서 두 개의 세포가 만들어지는데, 이 과정은 매우 정교하게 이루어진다. 세포분열은 핵 속의 염색체가 두 개로 나뉘는 핵분열과 세포질이 두 개로 나뉘는 세포질분열 두 가지로 나뉜다.

먼저, 세포가 분열하기 전인 준비 기간(간기)에 핵에 들어 있는 모든 DNA가 복제되어 두 배가 된다. 세포분열 과정은 핵이나 염색체의 형태 변화에 따라 전기·중기·후기·말기로 나뉜다.

세포분열이 시작되면 가장 먼저 핵을 감싸고 있던 핵막이 없어지고, 그 대신 DNA를 응축한 염색체가 나타난다(전기). 중기에는 염색체가 세포 중심의 적도면에 늘어서고, 후기에는 염색체가 균등하게 두 개의 세포로 나뉘어 간다. 그리고 말기에는 염색체가 사라지고 다시 핵막이 출현하며, 마지막으로 세포판이 생기거나 세포질이 잘록하게 잘려 두 개의 세포가 된다.

세포골격(2-6 참조)을 염색해 이 과정을 관찰하면 특히 미세소관의 역할이 눈에 띈다. 세포가 분열하지 않을 때, 미세섬유와 미세소관은 세포 전체에 함께 분포해 있다. 그런데 염색체가 이동하는 시기가 되면 미세소관은 방추사

(spindle fiber)를 만들고, 미세섬유는 미세소관과는 완전히 다른 특정 장소로 모인다. 즉, 미세소관은 DNA가 분열할 때 염색체 중앙 부분과 특이적으로 결합해, 염색체가 균등하게 두 쌍으로 나뉘면 염색체를 세포 양쪽으로 끌어당기는 적극적인 역할을 한다.

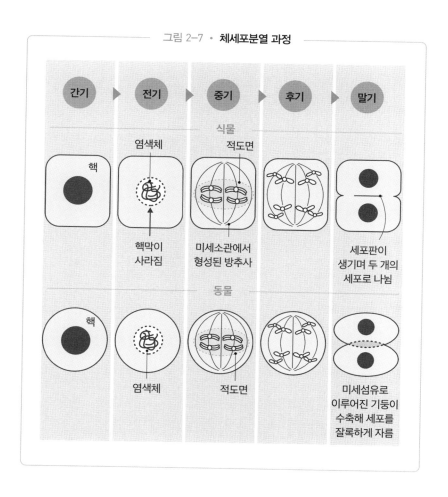

그림 2-7 · **체세포분열 과정**

2-8

최근 밝혀진 염색체의 구조
－대형 방사광 가속기 SPring-8의 연구 성과

세포분열이 일어날 때, 핵에 들어 있던 DNA는 염색체라는 구조로 변경돼 두 개의 세포에 균등하게 분배된다.

사람의 DNA를 일직선으로 늘이면 전체 길이가 2m나 되는데, 이것이 46개의 염색체 속에 작게 접혀 들어가 있다. 염색체 하나의 길이가 수 µm 정도니, DNA는 제법 잘 정리되어 들어가 있다고 생각할 수 있다. 그럼 염색체 속에 DNA는 어떻게 보관돼 있을까?

1970년대에 제창된 모델에서는 뉴클레오솜이 여러 개 모여 염색질 (chromatin)을 만들고, 염색질이 다시 모여 염색체를 이룬다고 추정했다. 그러나 2012년 일본 국립유전자연구소의 마에지마 가즈히로(前島一博) 연구팀이 대형 방사광 가속기인 SPring-8에서 방출하는 강력한 방사선을 이용해 염색체 속 구조를 자세히 조사했을 때, 지름 약 30nm의 염색질은 발견하지 못했다. 뉴클레오솜이 모여 염색질을 만드는 것이 아니라는 사실을 밝혀낸 것이다. 염색질은 DNA가 염색체 속에 실처럼 늘어져 있는 형태이다.

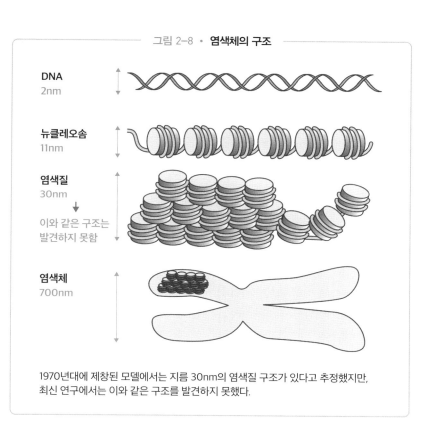

그림 2-8 · **염색체의 구조**

DNA
2nm

뉴클레오솜
11nm

염색질
30nm
↓
이와 같은 구조는
발견하지 못함

염색체
700nm

1970년대에 제창된 모델에서는 지름 30nm의 염색질 구조가 있다고 추정했지만,
최신 연구에서는 이와 같은 구조를 발견하지 못했다.

2-9

세포가 모여 조직을 이루다
－동물과 식물의 조직 차이

하나하나의 세포가 독립한 개체로 생활하는 것이 단세포생물이며, 각각 다양한 역할을 맡아서 하는 수많은 세포가 모인 것이 다세포생물로, 우리 인간은 다세포생물에 해당한다.

어떤 세포가 모여 구성된 세포군을 조직이라고 하며, 조직이 모여 하나로 통일된 구조와 역할을 지니며 다른 구조와 명확히 구별되는 것을 기관이라고 한다. 예를 들어 혈관은 평활근(smooth muscle) 세포가 모여 근육조직을 만들고, 여러 조직들이 모여 혈관(기관에 해당)을 구성한다.

조직은 동물과 식물의 분류 방법이 매우 다르다. 동물의 조직은 크게 4종류로 나뉘는데, 상피조직, 결합조직, 근육조직, 신경조직이다. 상피조직은 피부나 소화관 내벽처럼 각각의 기관 표면을 덮은 조직으로, 세포가 빽빽하게 늘어서 있다. 결합조직은 세포가 주변으로 물질을 분비해 조직끼리 결합하는 역할을 한다. 섬유아세포(fibroblast)가 모여 이루어진 표피 아래의 진피조직이나 세포가 콘드로이틴황산(chondroitin sulfate)을 분비해 이루어진 연골, 칼슘이 밑으로 가라앉아 들러붙어 이루어진 뼈 등이 여기 해당한다.

근육조직은 근육세포가 모여 이루어진 조직으로 골격근이나 심근, 장기나 혈관에 있는 평활근 등이 여기 속하며, 모두 운동과 관련이 있다. 마지막으로 신경조직은 신경세포와 신경세포에 영양분을 공급하는 역할을 하는 신경아교세포(glial cell)가 모여 형성된다. 신경세포끼리는 시냅스(synapse)라는 구조로 연결해 정보를 빠르게 전달하는 신경 네트워크를 만든다.

동물조직은 현미경을 사용해 세포의 형태를 자세히 관찰할 수 있어서 조직학이라는 학문 분야로 발전했다. 현재도 암 등의 병을 조사하기 위한 병리 검사에 조직학이 활용되고 있다. 암이 의심스러우면 생체검사(biopsy, 몸에 가는 주사기 등을 찔러 넣어 몸속에 들어 있는 세포를 채취하는 방법)나 수술 검체 등을 통해 현미경으로 관찰하기 위한 조직 절편을 만든 뒤, 헤마톡실린(haematoxylin)과 에오신(eosin)이라는 두 종류의 염색액으로 염색한다. 그리고 조직 속에 들어 있는 세포의 형태를 현미경으로 관찰해 암세포가 있는지 없는지 조사한다.

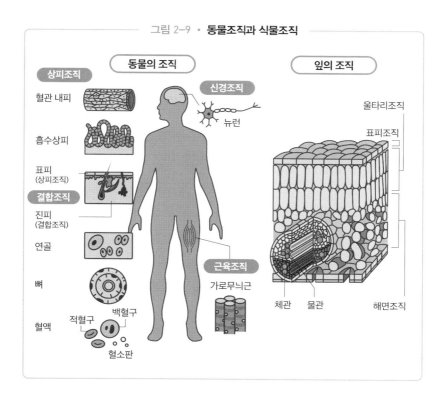

그림 2-9 · **동물조직과 식물조직**

표 2-1을 보자. 식물조직은 동물조직과는 전혀 다른 방식으로 분류한다. 식물이라도 명확한 조직을 지닌 것은 육상식물 중에서도 관다발식물(vascular plant, 종자식물과 양치식물)이라는 고등한 식물뿐이며, 조류나 이끼 등에는 명확한 조직이 없다.

관다발식물의 조직은 세포분열의 유무를 기준으로 분열조직과 영구조직으로 나뉜다. 동물과는 달리 식물에서 세포분열이 일어나는 부분은 뿌리 끝이나 줄기 끝 등과 같이 극히 한정된 부분밖에 없다. 표피조직, 통도조직, 기계조직, 유조직은 영구조직에 속한다. 표피조직은 식물 표면에 있는 조직으로, 잎이나 뿌리 등에 있다. 통도조직은 뿌리에서 잎까지 물을 운반하는 물관(vessel)이나 잎에서 만들어 낸 양분을 뿌리까지 운반하는 체관(phloem) 등을 구

표 2-1 · **동물과 식물의 세포 · 조직 · 기관 비교**

	동물	예	식물	예
세포	○	상피세포·골격근세포·신경세포	○	표피세포·공변세포·물관세포
조직	○	상피조직·결합조직·근육조직·신경조직	○	분열조직·영구조직 (표피조직·통도조직·기계조직·유조직)
조직계	×	없음	○	표피조직계·기본조직계·관다발조직계
기관	○	혈관·심장·신장·간·폐	○	뿌리·줄기·잎·꽃
기관계	○	순환계·배설계·호흡계	×	없음

동물에는 조직계가 없고, 식물에는 기관계가 없다.

2-11

 심장은 왜 왼쪽에 치우쳐 있을까
-레프티 유전자의 역할

우리의 몸은 밖에서 보면 거의 좌우대칭이지만, 기관은 좌우대칭으로 분포돼 있지 않다. 심장은 대부분 가운데에서 약간 왼쪽으로 치우쳐 있고, 간은 오른쪽에 있다. 또한 소장은 좌우로 구불구불 휘어지고, 대장은 배 속을 거의 한 바퀴 빙 돈다.

그럼 심장이 왼쪽에 치우쳐 있는 이유는 무엇일까? 이 의문을 밝히는 열쇠는 기관지확장증이나 부비동염을 앓거나 불임인 남성에게서 기관의 좌우 위치가 바뀌어 배치된 질병인 좌우바뀜증(situs inversus)이 많이 발견되는 현상에 있었다. 이 질환은 편모와 섬모 속에 있는 디네인(dynein)이라는 단백질에 발생하는 이상으로, 목이나 코 내부의 점막에 난 섬모가 운동하지 않거나 정자의 편모가 활동하지 않는 것이 이 병의 원인이다. 발견자의 이름을 따서 카르타게너증후군(Kartagener syndrome)이라고도 한다.

세포의 표면에 나 있는 편모나 섬모가 활동하지 않는 것을 보고 힌트를 얻어 흰쥐를 이용해 실험한 결과, 좌우바뀜증의 메커니즘이 해명되었다. 흰쥐의 태 발생 초기에 원시결절(primitive knot)이라는 부분에서 섬모가 활발하게 활동하며 수류를 일으키는 현상을 관찰했는데, 디네인에 이상이 있는 개체는 수류를 일으키지 못했다.

수류는 좌우 비대칭성을 결정하는 중요한 요소로, 수류가 생기면 왼쪽을 뜻하는 레프티(Lefty) 유전자가 몸 왼쪽에만 작용해 이를 계기로 기관의 배치가 좌우 비대칭으로 형성된다. 섬모가 작동하지 않아 수류가 발생하지 않으면 몸의 좌우가 무작위로 결정되므로 전체 실험 개체의 반수에서 좌우바뀜증이 나타난다.

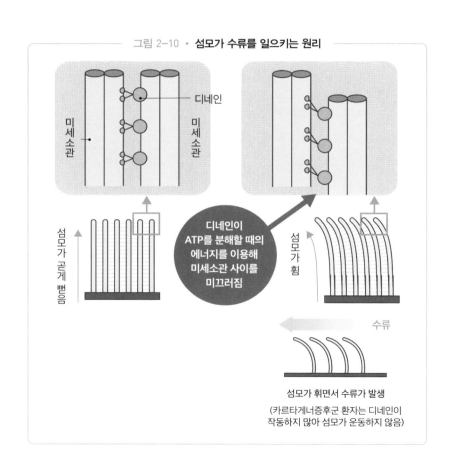

그림 2-10 · **섬모가 수류를 일으키는 원리**

디네인

미세소관

미세소관

섬모가 곧게 뻗음

디네인이 ATP를 분해할 때의 에너지를 이용해 미세소관 사이를 미끄러짐

섬모가 휨

수류

섬모가 휘면서 수류가 발생
(카르타게너증후군 환자는 디네인이
작동하지 많아 섬모가 운동하지 않음)

스케치 방법이 다른 동물학과 식물학

학창 시절 잊을 수 없는 기억이 있다. 대학교 1학년 때, 실습 시간에 식물 조직을 현미경으로 관찰해 연필로 스케치하는 과제가 있었다. 과제를 담당했던 교수님은 식물학 교수님이었고, 동물학 교수님은 학생들을 둘러보셨다.

동물학 스케치는 작은 점을 무수히 찍어 그림을 그리는 점묘법이라는 방식으로 입체감을 표현한다. 그러나 식물학 스케치에서 작은 점은 식물 표면에 뚫린 작은 구멍을 나타낸다. 그래서 실습의 총 담당자였던 식물학 교수님은 "스케치할 때 점묘법을 사용하면 안 됩니다. 점으로 표현한 부분은 표면에 뚫린 구멍으로 간주합니다."라고 주의를 주셨다.

내가 식물 스케치를 하고 있을 때, 가끔 동물학 교수님이 오셔서는 "이봐, 학생. 입체감을 주려면 어떡해야 하겠나? 그래. 점으로 표현하는 거라네."라고 말씀하셨다. 하지만 식물학 교수님의 주의사항을 먼저 들은 나는 한동안 동물학 교수님의 충고를 무시했다. 그런데 자꾸 오셔서 몇 차례나 말씀하시는 바람에 어쩔 수 없이 입체감을 내기 위해 식물 스케치에 점을 찍어 그림자를 그렸다.

그때 운 나쁘게도 이 작업을 시작하자마자 식물학 교수님이 오셔서는 내 스케치를 들어 올려 전원에게 "이렇게 하면 안 됩니다."라고 큰소리로 말씀하셨다. 나는 부끄러움과 실망에 몸 둘 바를 몰랐고, 잠시 후에 나에게 점묘법을 권하신 동물학 교수님이 오셔서 "미안하네."라며 사과하셨다.

이는 동물학과 식물학이 완전히 다른 길로 발전해 온 결과 발생한 사연이다. 확실히 학자가 그린 동물도감과 식물도감 스케치는 분위기가 크게 다르다. 아래 그림은 동물도감에 나온 동물 일러스트인데, 대부분 명암을 작은 점으로 표현한 점묘화이다. 반면, 식물도감에 나온 식물 일러스트는 식물의 외형뿐만 아니라 세세한 잎맥까지도 또렷한 선으로 표현해 매우 평면적인 느낌이 든다.

동물과 식물의 스케치 방법 차이

동물 그림은 입체감을 살리기 위해 점묘법으로 명암을 줌

식물 그림은 외형이나 잎맥이 직선적이며, 명암을 줄 때 점묘법을 사용하지 않음

제 **3** 장

몸을 구성하는 물질

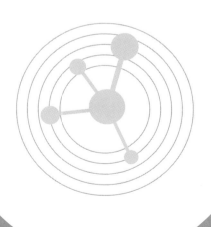

3-1

왜 규소 기반 생명체는 적을까
– 몸을 구성하는 원자의 특징

지구상에 있는 원소를 조사해 보면 의외의 사실을 발견할 수 있다. 암석을 구성하는 원소에는 규소가 압도적으로 많다. 그런데 규소를 기반으로 하는 생물종은 규조류 등 극히 일부이다. 도대체 왜 그럴까?

규소(Si)와 탄소(C)는 매우 성질이 비슷한 원소지만, 그럼에도 생물은 규소를 이용하지 않았다. 탄수화물이나 단백질 등 대부분의 생물 유래 화합물에는 탄소가 들어 있다. 그러나 지구 표면의 암석에 많이 함유된 규소 화합물은 생물에서 거의 발견할 수 없다. 그 이유를 두 원자의 구조를 통해 알아보자.

탄소가 지닌 원자가(valence)는 4로, 다른 원소와 다양하게 결합할 수 있다. 이 성질 덕분에 탄소를 매개로 다양한 화합물을 생성할 수 있다. 규소도 원자가가 4로, 탄소와 같다.

그러나 탄소 원자가 다른 탄소 원자와 결합해 다양한 화합물을 만드는 이중결합이나 삼중결합이 가능한 반면, 원자 크기가 탄소보다 큰 규소 원자는 다른 규소 원자와 이중결합이나 삼중결합을 할 수 없다. 그래서 탄소는 다종다양한 화합물을 만들 수 있지만, 규소는 다양한 화합물을 만들어 낼 수 없다(그림 3-2 참조).

생물을 구성하는 주요 원소는 탄소(C), 수소(H), 산소(O), 질소(N)의 네 종류다. 이들 원자가 결합해 탄수화물, 지방, 핵산, 아미노산, 단백질 등의 유기화합물을 만든다. 유기화합물이 합성될 때, 탄소 원자 사이의 이중결합이나 삼중결합이 중요한 역할을 한다. 이중결합이나 삼중결합은 반응성이 높아 다양한 물질과 결합하거나 분해해 다른 물질이 되기 쉽다.

한편, 대표적인 무생물로 암석·광물이 있는데, 주성분은 규소(Si), 알루미늄(Al), 철(Fe) 등으로 생물을 구성하는 원소와 상당히 다르다. 게다가 원자끼리 결합하는 방법도 유기화합물보다 훨씬 단순하다. 그래서 규소를 함유한 화합물의 개수는 탄소를 함유한 화합물에 비해 압도적으로 적다.

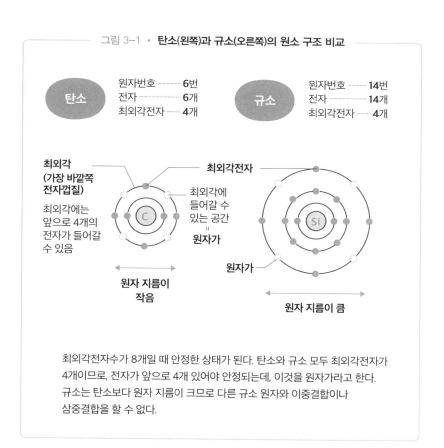

그림 3-1 · **탄소(왼쪽)과 규소(오른쪽)의 원소 구조 비교**

최외각전자수가 8개일 때 안정한 상태가 된다. 탄소와 규소 모두 최외각전자가 4개이므로, 전자가 앞으로 4개 있어야 안정되는데, 이것을 원자가라고 한다. 규소는 탄소보다 원자 지름이 크므로 다른 규소 원자와 이중결합이나 삼중결합을 할 수 없다.

그림 3-2 · **탄소와 규소의 차이(공유결합)**

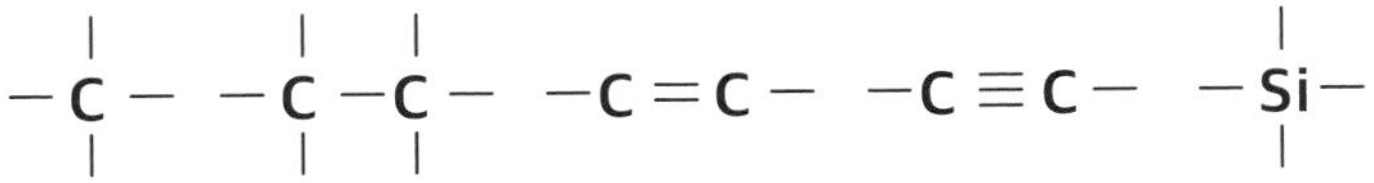

탄소(C)는 최외각에 앞으로 4개의 전자가 들어갈 수 있으며, 이것을 직선으로 표시할 수 있다. 이를 '원자가가 4이다.'라고 하며, 4개의 원자와 공유결합할 수 있다. 규소(Si)도 탄소와 마찬가지로 원자가는 4이다. 탄소는 탄소 원자끼리 이중결합이나 삼중결합을 할 수 있지만, 규소는 이중결합이나 삼중결합을 할 수 없다.

3-2

생명 활동의 에너지원
－탄수화물 이야기

우리가 배고플 때 주로 먹는 빵이나 밥 등에는 녹말과 같은 탄수화물이 많이 들어 있다. 탄수화물은 주로 탄소(C), 수소(H), 산소(O)로 구성되며, 분자식은 대부분 $C_mH_{2n}O_n$으로 표시한다(이때 m과 n은 정수를 나타낸다). 이 화학식은 $C_m(H_2O)_n$이라는 형식으로 바꿔 쓸 수 있다. H_2O는 다름 아닌 물 분자로, 이 화학식을 보면 마치 탄소에 물이 결합한 물질처럼 보여서 탄수화물이라고 한다. 포도 등에 들어 있는 포도당을 예로 들어 보자. 포도당은 글루코스(glucose)라고도 하며, 화학식은 $C_6H_{12}O_6$이다.

포도당은 단당류의 일종으로, 포도당이 두 개 연결된 것을 이당류라고 하며, 설탕 등이 여기 해당한다. 단당류가 2~20개 정도 연결된 것을 올리고당이라고 하며, 그보다 많이 연결된 것을 다당류라고 한다.

다당류에는 녹말이나 글리코젠(glycogen), 셀룰로스(cellulose) 등이 있다. 종이의 주성분으로 알려진 셀룰로스가 설탕의 일종이라니, 믿기 어려운 일이다. 밥 등에 들어 있는 녹말은 먹었을 때 단맛이 나지만, 종이는 달지 않다. 이는 우리 몸에 녹말을 분해하는 아밀레이스(amylase)라는 효소는 있지만 셀룰로스를 분해하는 셀룰레이스(cellulase)라는 효소는 없기 때문이다. 염소가 종이를 맛있게 먹는 이유는 염소 배 속의 장내 세균이 셀룰로스를 분해해 단당류로 만들 수 있기 때문이다. 그래서 염소는 종이를 영양분으로 이용할 수 있다.

그림 3-3 · 대표적 단당류: α-글루코스의 구조식

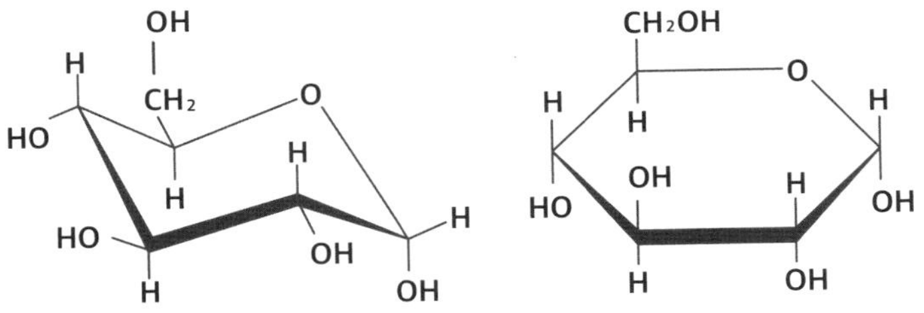

의자 모양으로 표기   집 모양의 투영식

포도당의 육각 링 구조(6-membered ring)는 평면상으로는 볼 수 없다. 그래서 이 육각 링 구조를 기울인 다음 보면 마치 의자처럼 보인다. 왼쪽 그림의 구조식은 그것을 알기 쉽게 그린 것이다. 오른쪽 그림은 육각 링 구조를 납작하게 그린 것으로, 탄소 원자에서 나온 H와 OH의 방향을 더 알기 쉽다. 양쪽 모두 육각 링 구조의 탄소 원자 C는 생략했다.

3-3

생명 활동의 주역
－아미노산과 단백질 이야기

　우리가 운동하거나 호흡하거나 음식을 소화하는 등의 생명 활동을 할 때, 단백질이 대부분 이 역할을 수행한다. 단백질의 구성 요소는 아미노산이라는 화학물질이다. 아미노산은 물에 녹으면 염기성을 띠는 아미노기와 산성을 띠는 카복실기(carboxyl group)를 지니고 있으며, 그림 3-4와 같은 기본 구조를 띤다. 아미노산은 물에 녹으면 산성과 염기성 양쪽 성질을 모두 나타내므로 양성전해질(ampholyte)이라고 한다.

　우리 몸속의 단백질은 20종의 아미노산이 사슬 형태로 연결돼 이루어진다. 아미노산과 아미노산이 연결되는 결합을 펩타이드결합(peptide bond)이라고 하며, 첫 번째 아미노산의 카복실기(-COOH)와 두 번째 아미노산의 아미노기(-NH₂) 사이에서 결합이 일어난다. 펩타이드결합이 연속적으로 일어나면 아미노산이 염주 모양으로 연결된 긴 사슬 형태의 분자가 된다. 연결된 아미노산의 수가 두 개에서 수십 개 정도인 것을 펩타이드라고 하며, 아미노산이 두 개 연결된 것을 디펩타이드(depeptide), 세 개 연결된 것을 트리펩타이드(tripeptide) 등으로 부른다. 아미노산이 10개 이하면 올리고펩타이드(oligopeptide, 올리고는 적다는 뜻), 수십 개면 폴리펩타이드(polypeptide, 폴리는 많다는 뜻), 수백 개에서 수천 개면 단백질이라고 한다.

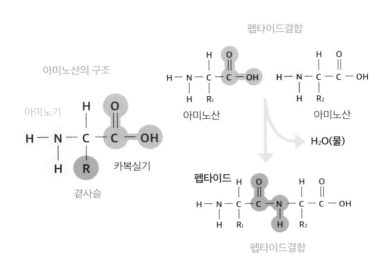

그림 3-4 · **아미노산과 펩타이드결합**

펩타이드결합

아미노산의 구조

아미노기

카복실기

곁사슬

아미노산

아미노산

H₂O(물)

펩타이드

펩타이드결합

왼쪽 그림의 아미노산을 보면, 중앙에 있는 탄소에 아미노기(왼쪽)와 카복실기(오른쪽), 그리고 수소(위쪽)와 곁사슬(아래쪽)이 각각 결합한 물질임을 알 수 있다. 곁사슬 부분은 아미노산의 종류에 따라 다르며, 단백질을 구성하는 아미노산은 20종 있다. 두 아미노산의 아미노기와 카복실기에서 물이 빠져나오면서 결합이 일어나는데, 이를 펩타이드결합이라고 한다.

아미노산 수가 적으면 단백질 사슬은 스스로 감겨 입체 구조를 만드는데, 사슬의 길이가 길면 정상적인 구조로 감길 수 없다.

이때, 2-5의 소포체와 골지체 항목에서 설명한 '분자 샤페론'이 제대로 감기도록 돕는다(사교계에 데뷔하는 귀족의 수행원을 프랑스어로 샤페론이라고 하는데, 분자 샤페론은 여기서 따온 말이다). 이렇게 해서 정상적인 입체 구조를 만든 단백질은 몸속에서 다양한 역할을 한다.

그림 3-5 · **아미노산과 펩타이드, 단백질**

디펩타이드(2개의 아미노산으로 형성된 펩타이드)

트리펩타이드(3개의 아미노산으로 형성된 펩타이드)

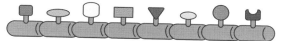
폴리펩타이드(수십 개의 아미노산으로 형성된 펩타이드)

단백질(더 많은 아미노산으로 구성된 것)

펩타이드나 단백질은 아미노산이 직선 형태로 연결된 구조로 이루어져 있다. 이것이 복잡하게 휘감겨 몸의 내부와 외부에서 다양한 역할을 한다.

3-4

생명의 설계도와 그 복사본
–DNA와 RNA 이야기

    여러분의 외모나 성격은 아버지나 어머니와 비슷한가? 만약 비슷하다면 무엇이 부모와 자식 사이를 연결할까? 지금도 부모와 자식 · 친척 관계를 '핏줄'이라고 하는데, 사실 부모가 자식에게 넘겨준 것은 피가 아니다. 부모와 자식 사이를 연결하는 특별한 물질이 있다.

    이 물질은 '유전자'라고 하며, 지금은 핵산의 일종인 DNA라고 알려져 있다. DNA는 디옥시리보핵산(deoxyribonucleic acid)의 약칭으로, 5탄당(탄소 5개로 이루어진 당) 중 하나인 디옥시리보스(deoxyribose)와 인산, 4종류의 염기로 이루어져 있다.

    DNA는 단순한 구조 때문에 발견 당시에는 복잡한 정보를 담당하기 어려우리라 추정했으며, 유전자는 복잡한 구조를 지닌 단백질이라고 오랫동안 믿어 왔다. 그러나 미국의 분자생물학자 제임스 왓슨(James Watson, 1928~)과 영국의 분자생물학자 프랜시스 크릭(Francis Harry Compton Crick, 1916~2004)이 DNA 입체 구조를 해명한 후로는 많은 연구들이 DNA가 유전자의 본체임을 인정했다. 유전자의 성질을 지니려면 부모가 자식에게 정보를 정확히 전달해야 한다. 유전정보는 4종류의 염기로 나열되며, 이 나열 순서를(염기서열이라고 한다) 정확히 복제하면 완전한 복사본을 만들 수 있다.

    그림 3–6에 나타낸 DNA 입체 구조를 보자. 먼저 DNA는 '이중나선 구조'로 되어 있다. '나선'의 난간 부분에는 디옥시리보스(당)와 인산이 번갈아 결합해

늘어서 있다. 그리고 계단 부분에는 두 개의 염기가 짝이 되어 한 단을 구성한다. 아데닌(adenine, A)과 타이민(thymine, T), 구아닌(guanine, G)과 사이토신(cytosine, C)이 반드시 짝을 이루며 A와 G, T와 C는 짝을 이루지 않는다. 그래서 A와 T, G와 C를 각각 상보적 염기쌍(complementary base pair)을 이룬다고 한다.

부모가 지닌 유전자를 자식에게 정확히 전달하려면 같은 유전자를 적어도 두 개 만들어야 한다. 유전자 본체가 DNA라고 하면 하나의 DNA 분자

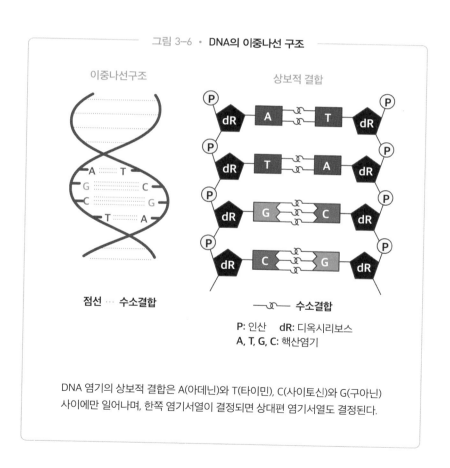

그림 3-6 · **DNA의 이중나선 구조**

이중나선구조

상보적 결합

점선 ⋯ **수소결합**

⟶〰⟶ **수소결합**

P: 인산   **dR:** 디옥시리보스
A, T, G, C: 핵산염기

DNA 염기의 상보적 결합은 A(아데닌)와 T(타이민), C(사이토신)와 G(구아닌) 사이에만 일어나며, 한쪽 염기서열이 결정되면 상대편 염기서열도 결정된다.

에서 같은 DNA 분자가 두 개 만들어질 것이다. 하나의 DNA가 두 개로 늘어날 때, 반보존적 복제(semiconservative replication)라는 방법으로 DNA 합성이 일어난다. 즉, DNA 이중나선이 풀려 두 개의 가닥이 되고, 각 가닥의 염기서열을 거푸집 삼아 새롭게 또 하나의 가닥을 만들 수 있다. 이때 A에는 T, G에는 C로 짝이 되는 염기가 결합해 '나선'의 계단 부분이 탄탄하게 만들어진 다음, 난간 부분이 만들어진다. 하나의 DNA 분자에서 완전히 똑같은 염기서열을 지닌 두 개의 DNA 분자가 생기므로 DNA는 유전자의 성질을 지녔다고 할 수 있다.

DNA는 유전자 본체지만, 필요하면 복사본을 만들어야 한다. 예를 들어 건물을 지을 때, 설계도를 현장에 들고 가는데 원본을 가져가서 더럽히거나 잃어버리면 건설에 큰 지장을 초래한다. 우리의 몸도 이와 마찬가지다. 몸의 설계도인 DNA는 세포 속 '핵'이라는 도서관에 보관해 두고 복사본만 대출해 나온다. 복사본은 사용 후 바로 파기할 수 있도록 분해되기 쉬운 구조로 이루어져 있다.

복사본은 물질적으로는 RNA(리보핵산, ribonucleic acid)라고 하며, DNA와는 조금 다른 구조로 이루어져 있다. 먼저 RNA는 타이민(T) 대신 유라실(uracil, U)이라는 염기를 지니고 있다. 그리고 RNA는 5탄당 중 하나인 리보스(ribose)를 지니고 있다. DNA의 디옥시리보스는 리보스에서 산소를 한 개 제거한 구조를 띤다. 디옥시리보스의 디옥시(deoxy)는 '산소를 제거함'이라는 뜻이다. 이 작은 구조의 차이가 DNA와 RNA의 안정성에 큰 영향을 준다. RNA가 DNA보다 훨씬 불안정하여 쉽게 분해되는 복사본의 성질을 지니고 있다. 리보스가 있는 RNA는 몸속에서 분해되기 쉬운 복사본 역할을 맡고, 디옥시리보스가 있는 DNA는 몸속에서 오랫동안 안정한 물질로 존재한다.

그림 3-7 · **구성하는 5탄당의 구조적 차이에 따른 DNA와 RNA의 차이**

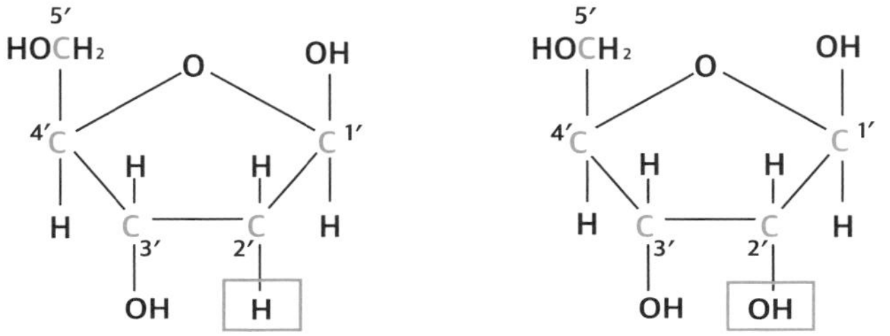

디옥시리보스

디옥시리보스는 DNA를 구성하는 5탄당

리보스

리보스는 RNA를 구성하는 5탄당

DNA와 RNA는 각각 디옥시리보스와 리보스라는 5탄당을 지니고 있다. 각각의 탄소는 번호를 가지고 있는데 2번 탄소를 보자. 왼쪽의 H가 오른쪽에서는 OH인 것을 알 수 있다. 이 차이가 DNA와 RNA 구조의 안정성 차이와 큰 관계가 있다.

3-5

몸속 지질은 무슨 일을 할까
-세포막을 구성하는 지질 이야기

지질은 성분이나 구조에 따라 중성지방, 인지질, 스테로이드 등으로 구분된다. 중성지방은 지방산과 글리세롤(glycerol)이 결합해 이루어져 있다. 지방산은 탄화수소가 직선 형태로 연결된 물질로, 소수성(물을 튕기는 성질)이 매우 강하고 끝에는 산성을 띠는 카복실기를 지니기도 한다. 카복실기가 글리세롤과 결합하면 지방이 만들어지며, 보통 한 분자의 글리세롤에 세 개의 지방산이 결합한다.

우리 세포의 세포막은 인지질로 이루어진 지방의 일종으로 구성되어 있다. 인지질은 한 분자의 글리세롤에 한 분자의 인산과 두 분자의 지방산이 결합한 물질이다. 인산을 함유한 분자는 친수성(물과 친한 성질)을 띠고, 지방산의 탄화수소 부분은 소수성을 띤다. 그래서 세포 주변에 물이 많으면 인지질의 소수성을 띤 부분이 다른 인지질의 소수성을 띤 부분과 나란히 배열되어 물과의 접촉이 최소한이 되도록 배치되어 결합한다. 친수성인 인산 부분은 물 쪽을 향한다. 이렇게 소수성 부분은 막 안쪽, 친수성 부분은 막 바깥쪽을 향해 세포막이 형성된다(그림 3-8 참조). 이것을 인지질 이중층이라고 하며, 물 분자나 물에 녹기 쉬운 물질이 막을 쉽게 빠져나갈 수 없도록 한다. 실제 세포막에서는 통로단백질(channel protein)이 여기저기 박혀 있어 특수한 구멍을 만들고, 그 구멍을 통해 물이나 다양한 물질이 빠져나갈 수 있다. 세포는 이 구멍을 열거나 닫아서 외부와는 다른 물질 환경을 만들 수 있다.

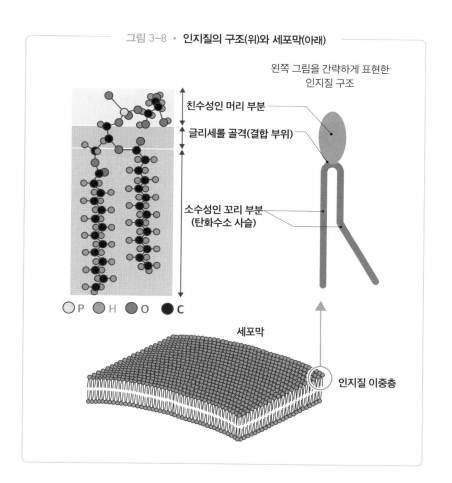

그림 3-8 · **인지질의 구조(위)와 세포막(아래)**

왼쪽 그림을 간략하게 표현한
인지질 구조

친수성인 머리 부분

글리세롤 골격(결합 부위)

소수성인 꼬리 부분
(탄화수소 사슬)

P   H   O   C

세포막

인지질 이중층

몸을 구성하는 물질

3-6

우리 몸은 왜 금속 원소가 필요할까
-미량원소 이야기

　우리 몸에는 다양한 미량원소가 필요하다. 가령 철은 혈액의 주성분인 헤모글로빈 단백질을 구성하는 물질인 헴(heme)에 필요하다. 헴에 철 이온이 있어야 산소와 결합할 수 있고, 폐에서 몸속 조직으로 산소를 운반할 수 있다. 칼슘은 뼈 등에 들어 있어서 금속이라고 생각하기 어렵지만, 어엿한 금속의 일종이다. 칼슘은 몸속에 인산칼슘이나 탄산칼슘 상태로 있다.

　나트륨 이온과 칼륨 이온은 신경의 흥분에 빠뜨릴 수 없는 금속 이온이고, 칼슘 이온은 근육 수축의 방아쇠가 되는 중요한 이온이기도 하다.

　이외에도 구리(Cu)나 아연(Zn), 셀레늄(Se) 등, 필요한 양은 극히 미량이지만 없어서는 안 될 금속 이온도 있다. 이들 금속 이온은 다양한 단백질, 특히 효소 활성의 중요 역할을 담당하는 아미노산과 결합할 때가 많고, 이들 금속 이온이 없으면 효소 활성을 잃는 등 전혀 활동하지 못하는 단백질도 많다.

표 3-1 · 금속 원소를 함유한 주요 물질과 그 역할

인산칼슘	뼈 등의 주성분으로, 다음 세 가지 구조로 이루어짐 $Ca(H_2PO_4)_2$ $CaHPO_4$ $Ca_3(PO_4)_2$
탄산칼슘 $CaCO_3$	조개껍데기, 게·새우의 껍데기, 진주 등
철 Fe	적혈구 헤모글로빈의 헴
나트륨 Na, 칼륨 K, 칼슘 Ca	전해질 이온

표 3-2 · 미량이지만 사람의 몸에 필요한 원소와 그 역할

플루오린	F	뼈나 치아에 함유됨
규소	Si	뼈나 결합조직에 함유됨
바나듐	V	효소와 결합해 있음
크로뮴	Cr	효소와 결합해 있음
망가니즈	Mn	효소와 결합해 있음
코발트	Co	효소와 결합해 있음
구리	Cu	효소와 결합해 있음
아연	Zn	효소와 결합해 있음, DNA 결합 단백질과 결합
셀레늄	Se	효소와 결합해 있음
몰리브데넘	Mo	효소와 결합해 있음
주석	Sn	필수 미량원소지만, 분자 단위의 기능은 불분명
아이오딘	I	티록신(갑상샘호르몬의 일종)과 결합

제
3
장

몸을 구성하는 물질

3-7

'에너지 화폐'라는 물질
-ATP 이야기

　지하철은 전기가, 자동차는 휘발유가 필요하듯, 우리가 다양한 생명 활동을 할 때도 에너지의 근원이 되는 물질이 필요하다. 우리는 배고플 때 설탕이나 녹말과 같은 탄수화물을 원하지만, 탄수화물에서 직접 에너지를 얻지는 않는다. 세포호흡을 통해 몸속에서 포도당 같은 탄수화물을 분해하고, 그 과정에서 얻는 에너지를 한동안 에너지 물질로 저장한다.

　이 에너지 물질은 아데노신3인산(줄여서 ATP: Adenosine triphosphate)이라고 하며, 핵산의 일종인 아데닌(A)과 RNA를 구성하는 5탄당인 리보스가 결합한 아데노신에 세 개의 인산 분자가 직접 연결된 구조로 되어 있다. 몸속의 모든 세포와 조직이 이 에너지 물질을 이용해 활동하므로, 에너지 화폐라고 하기도 한다.

　ATP의 인산결합에는 높은 에너지가 저장되어 있다. 이 결합이 끊어지면 높은 에너지가 발생하므로, 이를 '고에너지인산결합(high energy phosphate bond)'이라고 한다. ATP의 고에너지인산결합이 끊어지면, ATP는 ADP(아데노신2인산)와 인산으로 분해된다. 이때 발생한 에너지가 다양한 생명 활동에 이용된다. 그래도 에너지가 부족할 때는 ADP에서 다시 한 분자의 인산을 절단해 에너지를 만들어 내기도 한다. 이렇게 해서 만들어진 것이 AMP(아데노신1인산)다.

　그러나 ATP는 핵산에도 이용될 만큼 몸속에서 귀중한 물질이므로, 근육처

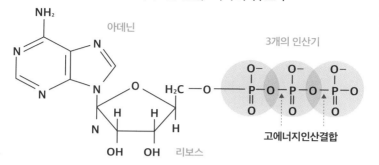

그림 3-9 · 아데노신3인산(ATP)의 화학구조식

NH₂

아데닌

3개의 인산기

H₂C

고에너지인산결합

OH   OH   리보스

염기의 일종인 아데닌과 5탄당의 일종인 리보스가 결합한 것을 아데노신이라고 한다. 아데노신에 인산이 한 개 결합한 것이 아데노신1인산(AMP), 두 개 결합한 것이 아데노신2인산(ADP), 세 개 결합한 것이 아데노신3인산(ATP)이다.

럼 대량의 ATP를 소비하는 조직은 ATP가 매우 부족하다. 그래서 크레아틴 (creatine)이라는 다른 물질로 하여금 고에너지인산결합을 하도록 만들어, 크레아틴인산 상태로 다수의 고에너지인산결합을 저장한다. 그리고 근육이 수축할 때, 필요에 따라 크레아틴인산에서 ADP나 AMP로 인산을 공급해 ATP를 합성하여 에너지 화폐로 다시 이용한다.

제
3
장

몸을 구성하는 물질

3-8

호르몬이란 무엇일까
－세포 사이의 의사소통

호르몬은 우리 몸속 여러 곳의 내분비샘에서 합성돼 혈액 속으로 분비되는 물질로, 호르몬을 받는 장기(표적기관)는 특정 반응을 보인다. 즉, 호르몬은 몸속에서 떨어진 장소에 있는 세포나 조직끼리 정보를 교환하는 의사소통 수단 중 하나라고 볼 수 있다.

호르몬은 혈액을 통해 먼 곳에 있는 세포로 정보를 전달하는데, 때로는 가까이 있는 세포에 작용하기도 한다. 이것을 주변분비(paracrine)라고 한다. 또한 호르몬이 분비한 세포 자신에게 작용할 때는 자가분비(autocrine)라고 하며 이들을 내분비와 구별하기도 한다. 호르몬이나 호르몬과 비슷한 물질을 모두 모아 생리 활성 물질(biologically active substance)이라고 한다.

그러면 호르몬을 포함해 몸속 세포의 의사소통 수단에는 무엇이 있을까? 첫 번째는 호르몬에 의한 내분비로, 표적기관에 도착할 때까지 시간이 걸린다. 호르몬을 받은 세포 중에는 전혀 반응하지 않는 것도 있으므로, 이 방법은 받는 사람에 따라 반응이 다른 광고 우편에 비유할 수 있다. 두 번째는 신경에 의한 흥분으로, 순식간에 상대에게 도착하므로 전화에 비유할 수 있다. 세 번째는 신경내분비인데, 신경에서 자극을 받은 세포가 호르몬을 분비하는 방법이다. 신경내분비는 정보가 순식간에 도착하지만, 상대가 그 정보를 얻으려면 화학물질을 통해야 한다. 그래서 받는 쪽이 볼 때까지는 정보가 전달되지 않는 팩스나 이메일에 비유할 수 있다.

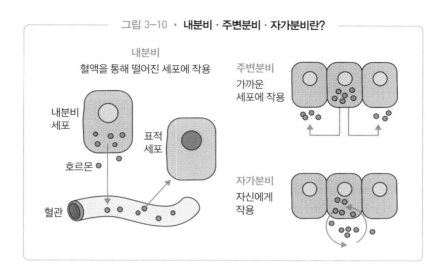

그림 3-10 · **내분비 · 주변분비 · 자가분비란?**

내분비
혈액을 통해 떨어진 세포에 작용

내분비
세포

표적
세포

호르몬

혈관

주변분비
가까운
세포에 작용

자가분비
자신에게
작용

    호르몬과 매우 비슷한 단어로 페로몬(pheromone)이 있다. 페로몬은 어느 개체가 몸 밖으로 분비하는 화학물질로, 페로몬을 감지한 다른 개체는 특정 반응을 한다. 호르몬은 같은 개체 속에서 정보를 전달하는 물질이고, 페로몬은 다른 개체로 정보를 전달하는 물질이라고 생각하면 이해하기 쉽다. 페로몬에는 수컷이 암컷을 유혹하는 성페로몬이나 지나온 길을 동료에게 알리는 길잡이페로몬 등이 있다.

    지금까지 100종이 넘는 호르몬이 발견되었고, 앞으로도 새로운 호르몬이 발견될 가능성이 있다. 단순한 혈액 펌프라고 여겨졌던 심장이 사실은 심방성나트륨이뇨펩타이드(atrial natriuretic peptide, ANP)라는 호르몬을 합성·분비하는 내분비기관이기도 하다는 것을 알게 됐고, 비만의 근원이라고 여겨지던 지방세포가 사실은 식욕억제 호르몬인 렙틴(leptin)을 분비해 식욕 중추에 작용하여 식욕을 억제하는 등, 새로운 호르몬이나 새로운 기능이 계속 발견되고 있다.

우리 몸은 다양한 세포와 조직, 기관이 협력해 언제나 일정한 상태를 유지한다. 어느 호르몬이 너무 많이 분비되면 분비를 억제하는 방향으로 작용해, 호르몬이 너무 과하거나 모자라지 않도록 잘 조절하고 있다.

우리의 몸을 오케스트라에 비유하면, 지휘자에 해당하는 내분비샘이 있다. 대뇌 아래쪽에 있는 축 늘어진 콩알 모양의 장기로, 뇌하수체 또는 단순히 하수체라고 하는 부분이다. 이곳은 시상하부의 지령을 받아 다양한 장기에 작용하는 각종 자극 호르몬을 합성·분비한다. 뇌하수체는 크게 전엽과 후엽으로 나뉘며, 각각 다른 호르몬을 합성한다. 뇌하수체 전엽에서는 성장을 촉진하는 생장호르몬, 젖의 분비를 촉진하는 프로락틴(prolactin), 갑상샘자극호르몬, 부신겉질자극호르몬, 생식샘자극호르몬이 합성·분비된다.

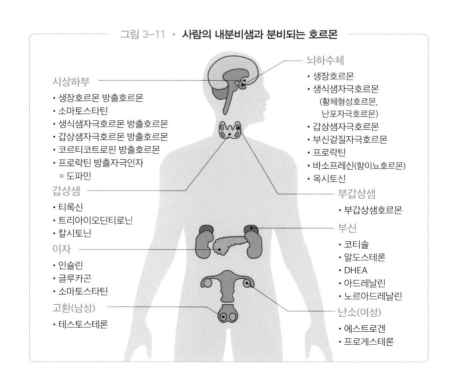

그림 3-11 · **사람의 내분비샘과 분비되는 호르몬**

시상하부
• 생장호르몬 방출호르몬
• 소마토스타틴
• 생식샘자극호르몬 방출호르몬
• 갑상샘자극호르몬 방출호르몬
• 코르티코트로핀 방출호르몬
• 프로락틴 방출자극인자
  = 도파민

갑상샘
• 티록신
• 트리아이오딘티로닌
• 칼시토닌

이자
• 인슐린
• 글루카곤
• 소마토스타틴

고환(남성)
• 테스토스테론

뇌하수체
• 생장호르몬
• 생식샘자극호르몬
  (황체형성호르몬,
  난포자극호르몬)
• 갑상샘자극호르몬
• 부신겉질자극호르몬
• 프로락틴
• 바소프레신(항이뇨호르몬)
• 옥시토신

부갑상샘
• 부갑상샘호르몬

부신
• 코티솔
• 알도스테론
• DHEA
• 아드레날린
• 노르아드레날린

난소(여성)
• 에스트로겐
• 프로게스테론

뇌하수체의 자극을 받아 갑상샘에서는 대사를 촉진하는 티록신, 부신겉질에서는 당질코르티코이드, 무기질코르티코이드 등이 합성 · 분비된다.

또한 빠뜨리면 안 되는 것이 이자에서 분비되는 두 가지 호르몬이다. 하나는 혈당을 낮추는 작용을 하는 인슐린(insulin)이다. 인슐린 분비가 적어지거나 표적기관이 반응하지 않으면 당뇨병에 걸린다. 이자에서는 혈당을 높이는 글루카곤(glucagon)이라는 호르몬도 합성 · 분비한다. 이자는 십이지장에서 분비하는 소화액을 합성하는 장기일 뿐만 아니라, 호르몬을 합성해 혈액 속으로 분비하는 내분비기관이기도 하다.

3-9

식물에도 호르몬이 있을까
−옥신과 지베렐린, 개화호르몬 이야기

동물은 호르몬이 너무 많거나 적게 분비되면 컨디션이 나빠지거나 당뇨병과 같은 중대한 병에 걸리므로, 호르몬의 중요성을 깨닫기 쉽다. 그런데 식물에도 호르몬이 있다는 사실은 그다지 익숙하지 않다. 하지만 싹이 트면 위를 향해 뻗어 자라고, 뿌리는 거꾸로 아래를 향해 뻗으며, 싹의 끝부분은 볕이 잘 드는 방향으로 휘는 등, 식물은 몸 전체를 조직적으로 움직여 원하는 방향으로 향하는 시스템을 갖추고 있다. 이는 식물세포가 식물호르몬을 분비해 주위 세포에 작용하면 세포끼리 협조해 같은 방향으로 휘기 때문이다.

현재 기능을 잘 알고 있는 식물호르몬에는 옥신(auxin), 지베렐린(gibberellin), 사이토키닌(cytokinin), 에틸렌(ethylene), 아브시스산(abscisic acid), 브라시노스테로이드(brassinosteroid), 자스몬산(jasmonic acid) 그리고 최근 밝혀진 개화호르몬인 플로리겐(florigen) 등이 있다.

이 중, 옥신과 지베렐린은 식물의 생장을 촉진하는 작용을 한다. 옥신은 세포벽을 느슨하게 만들어 세포가 물을 흡수해 부풀어 오를 수 있도록 작용함으로써 줄기의 성장을 촉진한다. 지베렐린은 벼의 질병 중 모가 비정상적으로 길게 자라 휘청거리거나 쉽게 쓰러지고 시드는 병인 '벼키다리병(bakanae disease)'과 관계 있는 식물호르몬이다. 1920년대 일본의 연구자 구로사와 에이이치(黒沢英一)가 곰팡이의 일종인 '키다리병균(지베렐라)'이 분비하는 물질이 이 병의 원인임을 밝혔다. 1930년대에는 일본 도쿄제국대학의 야부타 데이지로(薮田貞治郎, 1888~1977) 연구팀이 이 물질의 분리와 결정화에 성공하며 지베렐린이라는 이름을 붙였다. 지베렐린은 세포골격의 미세소관 방향을 제어해 세포가 세로로 뻗기 쉽게 돕는다.

에틸렌은 기체지만, 식물호르몬의 일종으로 볼 수 있다. 에틸렌에는 과일을 숙성하는 작용이 있다. 사과에서 에틸렌이 발생하므로, 사과 옆에 바나나를 놓아두면 바나나가 빨리 숙성된다. 그리고 아브시스산에는 단풍을 촉진하는 작용이나 씨앗의 발아를 억제하는 작용이 있다고 한다.

꽃이 필 때도 식물호르몬이 관여한다. 벚꽃은 봄에, 국화는 가을에 피는 식으로 식물의 종류에 따라 개화 시기가 정해져 있다는 사실은 모두가 아는 상식이다. 식물이 계절의 변화를 감지해 꽃을 피우는 시기를 결정하는 것은 낮의 길이와 관계가 있다. 봄에 꽃을 피우는 식물은 장일식물(long-day plant)이라고 하며, 낮이 길어지는 것을 감지해 꽃봉오리를 만든다. 반대로 가을에 꽃을

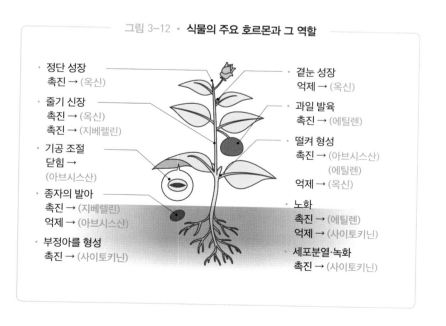

그림 3-12 • **식물의 주요 호르몬과 그 역할**

· 정단 성장
  촉진 → (옥신)

· 줄기 신장
  촉진 → (옥신)
  촉진 → (지베렐린)

· 기공 조절
  닫힘 →
  (아브시스산)

· 종자의 발아
  촉진 → (지베렐린)
  억제 → (아브시스산)

· 부정아를 형성
  촉진 → (사이토키닌)

· 곁눈 성장
  억제 → (옥신)

· 과일 발육
  촉진 → (에틸렌)

· 떨켜 형성
  촉진 → (아브시스산)
       (에틸렌)
  억제 → (옥신)

· 노화
  촉진 → (에틸렌)
  억제 → (사이토키닌)

· 세포분열·녹화
  촉진 → (사이토키닌)

피우는 식물은 단일식물(short-day plant)이라고 하며, 낮의 길이가 짧아지는 것을 감지해 꽃봉오리를 만든다.

낮의 길이는 잎에서 감지하며, 이 정보를 잎에서 줄기 끝으로 전해 꽃봉오리를 만들도록 유도하는 물질의 존재는 1930년대부터 알려졌다. 이 물질은 개화호르몬(플로리겐)이라는 이름으로 불려 왔다. 그러나 정체가 밝혀진 것은 2007년이다.

개화호르몬의 정체는 FT 단백질로, FT 유전자(Flowering Locus T)에서 만들어진다. FT 단백질이 잎에서 생성돼 줄기 속을 이동해 줄기 끝에 있는 정단(shoot apex)이라는 부위에 도착하면, FD 단백질이라는 다른 단백질과 결합해 꽃눈형성유전자(AP1 유전자)의 활동을 촉진한다. 이를 방아쇠로 꽃눈(꽃봉오리)이 만들어지고 꽃이 핀다.

식물에도 호르몬이 있을까

쾌락 물질이란 무엇일까

우리가 느끼는 쾌락에 어떤 물질이 관여한다는 사실을 알고 있는가?

우리가 즐겁거나 기쁜 행복감을 느끼는 이유는 뇌 속의 신경전달물질 중 도파민이나 세로토닌, β−엔도르핀이라는 물질이 관여하기 때문이다. 신경세포가 이 물질을 합성 · 분비하고 주위의 신경세포에 작용하면 우리는 행복감을 느낀다.

도파민은 아미노산의 일종인 타이로신에서 생성되는 카테콜아민(cate-cholamine)이라는 화합물의 일종이다. 놀랐을 때나 스트레스를 받았을 때 교감신경 말단이나 부신수질에서 분비되는 아드레날린이나 노르아드레날린의 원료가 되기도 한다. 파킨슨병(Parkinson's disease, 손발이 떨리거나 근육이 굳어 걸을 수 없게 되는 질병)의 원인은 뇌 속 도파민 부족이라고 알려져 있다.

세로토닌은 도파민과 마찬가지로 신경전달물질의 일종이며, 아미노산의 일종인 트립토판(tryptophan)에서 생성된다. 신경세포 사이에 있는 시냅스에 세로토닌이 부족하면 우울증에 걸리며, 신경세포가 세로토닌을 잘 흡수하지 않도록 작용하는(시냅스에 부족하지 않도록 작용하는) 다양한 항우울제가 개발되었다.

도파민과 세로토닌 모두 쾌락 물질이라 약으로 먹으면 쉽게 행복감을 느낄 수 있지 않을까 생각하기 마련이지만, 실제로는 그리 간단하지 않다. 쾌락 물질이 너무 많이 분비돼도 여러 가지 병에 걸릴 수 있기 때문이다. 가령 항우울제로 알려진 SSRI를 대량으로 복용하면 확실히 뇌 속 세로토닌은 증가하지만, 거꾸로 세로토닌 중독이 되어 두통, 현기증, 구역질을 동반하기도 한다. 게다가 심하면 혼수상태를 일으켜 최악의 경우 죽음에 이르기도 한다.

제
3
장

몸을 구성하는 물질

그럼 β−엔도르핀은 어떨까? β−엔도르핀은 도파민이나 세로토닌과 달리 펩타이드의 일종이다. 뇌하수체 전엽에서 부신겉질자극호르몬(ACTH)이 분비되는데, β−엔도르핀도 이 호르몬과 같은 유전자에서 생성돼 프로오피오멜라노코르틴(pro-opiomelanocortin, POMC)이라는 펩타이드 속에 들어 있다. 그러다 스트레스를 받으면 β−엔도르핀이 POMC에서 끊어져 나와 생성되고, 그것이 신경에 작용하면 모르핀(morphine)과 비슷한 진통 효과가 일어나 행복한 기분에 휩싸인다. β−엔도르핀은 육상이나 마라톤 같은 격렬한 운동을 했을 때 분비되는데, 이때 느끼는 큰 행복을 러너스 하이(Runner's High)라고 하기도 한다.

β−엔도르핀을 약으로 먹을 수는 없을까? β−엔도르핀은 펩타이드의 일종이라 먹어도 위에서 소화돼 버리고, 주사기로 혈액 속에 주입해도 뇌에는 이 물질이 침입하지 못하도록 혈뇌장벽(blood-brain barrier)이 막고 있으므로 뇌까지 도달하지 못할 것이 틀림없다. 정 β−엔도르핀을 원한다면 마라톤처럼 격렬한 운동을 해서 스스로 만드는 방법밖에 없다.

유전자와 DNA의 정체를 찾다

4-1

부모에서 자식에게 무엇이 전달될까
– 멘델이 발견한 유전자란?

부모와 자식은 얼굴이나 체형뿐 아니라, 행동이나 성격에 이르기까지 온갖 것이 비슷하다. '혈연관계'라는 단어가 단적으로 표현하듯, 옛날 사람들은 부모와 자식이 같은 피를 물려받았기 때문에 비슷한 것이라 믿어 왔다.

그럼 정말 부모와 자식은 피로 이어져 있을까? 아니다. 혈액형을 생각해 보면 이 믿음이 틀렸다는 사실을 금방 알 수 있다. 만약 아버지가 A형이고 어머니가 O형, 어머니가 임신한 아이가 A형이라면 어떻게 될까? 어머니와 아이의 혈액이 섞이면 어머니의 면역계가 아이를 이물질로 간주해 공격을 시도할 것이다. 실제로 이런 일이 발생하지 않는 이유는 어머니와 아이의 혈액이 태반으로 막혀 서로 섞이지 않기 때문이다.

그럼 아이는 부모로부터 무엇을 물려받을까? 아버지의 정자와 어머니의 난자가 수정하면 수정란이 만들어지고, 수정란이 발생을 시작하여 점점 태아의 몸이 만들어진다. 이때 아이는 부모에게서 정자와 난자라는 두 개의 세포를 물려받는데, 이 세포 속에는 아버지의 유전정보인 게놈(1–10 참조)이 한 세트, 어머니의 게놈이 한 세트 들어 있다. 아이의 세포가 부모의 게놈을 물려받아 부모와 비슷한 다양한 특징이 나타난다.

유전자가 발견되기 전에는 부모에게서 물려받은 액체가 서로 섞여 아이에게 나타난다고 여겨졌다. 예를 들어 외모는 아버지와 비슷하지만 행동 방식은 어머니와 비슷한 식으로, 물려받은 특징은 사람에 따라 제각각이다. 그래서 실로 복잡한 무언가가 부모에서 아이에게 전달된다고 여겨졌다.

그러나 오스트리아의 유전학자이자 사제인 그레고어 멘델(Gregor Johann Mendel, 1822~1884)은 완두콩 재배를 통해 유전자는 액체가 아니라 입자임을 증명했다. 멘델은 완두콩 껍질의 색과 모양 등 총 7가지 형질을 연구하여 이들이 부모에서 자손으로 어떻게 전달되는지 관찰하고, 수학적인 추상 개념으로까지 발전시켰다.

그가 발견한 입자 상태의 인자는 현재 '유전자'라고 한다. 멘델이 발견한 법칙은 세 가지로, 우열의 원리, 분리의 법칙, 독립의 법칙이다.

한 형질에 대해 두 가지 대립형질이 있을 경우, 드러나는 형질을 우성, 드러나지 않는 형질을 열성이라고 한다. 이것이 우열의 원리다.

분리의 법칙은 누구나 같은 유전자를 두 개씩 지니고 있고, 난자나 정자에는 그중 하나만 들어간다는 법칙이다. 따라서 난자와 정자가 수정하여 생긴 수정란은 아버지와 어머니에게 같은 유전자를 하나씩 받는다.

독립의 법칙은 각각의 형질은 서로 독립해 부모로부터 자손에게 전달된다, 즉 양쪽 형질이 반드시 한쪽 부모를 닮지는 않는다는 법칙이다. 예를 들어 눈색과 입 모양과 같은 각각의 형질은 모두 아버지와 비슷할 수도 있고, 어느 한쪽만 아버지와 비슷할 수도 있다.

이 법칙에는 예외도 있지만, 멘델은 완두콩 교배 실험을 통해 유전학의 기초를 쌓았다.

그럼 멘델의 실험을 통해 이를 좀 더 구체적으로 알아보자. 멘델이 완두콩의 꽃 색깔에 주목해 빨간 꽃과 하얀 꽃 개체를 교배하자, 자손은 빨간 꽃과 하얀 꽃의 중간색이 아니라 전부 빨간 꽃을 피웠다. 이때 자손에게 나타난 빨간 꽃이 피는 형질을 우성, 나타나지 않은 하얀 꽃이 피는 형질을 열성이라고 한다. 다시 자손끼리 교배하자, 이번에는 빨간 꽃뿐만 아니라 하얀 꽃도 나타났다. 이때 빨간 꽃과 하얀 꽃의 비율은 3 : 1이었다. 이 현상은 기호를 사용하면 이해하기 쉽다. 빨간 꽃은 A, 하얀 꽃을 a로 표기하였다. 두 개체를 교배하면 Aa가 된다. 이때 우성인 A의 성질이 나타나므로 모두 빨간 꽃이 핀다. Aa끼리 교배하면 A와 a끼리의 조합이 되므로 AA, Aa, aA, aa라는 4종류의 자손이 생긴다. 이때 AA, Aa, aA는 우성인 A의 성질이 나타나므로 빨간 꽃이 피고, aa만 하얀 꽃이 핀다. 따라서 3 : 1의 비율이 된다.

이번에는 두 개의 전혀 다른 형질에 대해 독립의 법칙이 성립하는지 알아보자. 완두콩의 색과 모양에 주목하면, 황색이면서 둥근 콩, 황색이면서 주름진 콩, 녹색이면서 둥근 콩, 녹색이면서 주름진 콩을 발견할 수 있다. 이중 황색이면서 둥근 콩과 녹색이면서 주름진 콩을 교배해 보면, 자손 1대에서는 황색이면서 둥근 콩만 생긴다.

색을 알파벳 A 또는 a로, 모양을 B 또는 b로 표기하고 자손 대에서 출현한 형질인 우성을 대문자로, 출현하지 않은 형질인 열성은 소문자로 표기했다(그림 4-1). 각각의 개체는 같은 유전자를 두 개씩 지니고 있으므로, 황색이면서 둥근 콩은 AABB, 녹색이면서 주름진 콩은 aabb로 표기할 수 있다. 그러면 자손 1대는 AaBb가 되고, 자손 1대끼리 교배한 자손 2대에서는 황색이면서 둥

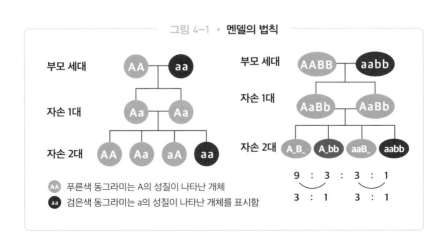

그림 4-1 · 멘델의 법칙

부모 세대   AA   aa

자손 1대   Aa   Aa

자손 2대   AA   Aa   aA   aa

AA 푸른색 동그라미는 A의 성질이 나타난 개체
aa 검은색 동그라미는 a의 성질이 나타난 개체를 표시함

부모 세대   AABB   aabb

자손 1대   AaBb   AaBb

자손 2대   A_B_   A_bb   aaB_   aabb

9 : 3 : 3 : 1

3 : 1   3 : 1

근 콩 : 황색이면서 주름진 콩 : 녹색이면서 둥근 콩 : 녹색이면서 주름진 콩이 9 : 3 : 3 : 1의 비율로 나타난다.

여기서 콩의 색깔만 보면 황색 콩과 녹색 콩의 비율은 3 : 1이고, 콩의 모양만 보면 둥근 콩과 주름진 콩의 비율은 3 : 1이다. 이 결과는 콩의 색과 모양은 독립된 형질로 부모에서 자식으로 전달된다는 사실을 나타낸다. 이것이 독립의 법칙이다.

분자생물학이 발전해 더욱 복잡한 사실을 알게 된 지금도 멘델의 법칙은 유전자 연구의 기본 지식으로 남아 있다.

유전자와 DNA의 정체를 찾다

4-2

유전자의 실체는 무엇일까
−DNA가 유전자의 본체인 증거

    오늘날은 유전자의 실체가 DNA라는 사실을 상식으로 받아들이지만, 1940년대에는 유전자가 단백질이라고 굳게 믿었다. 당과 염기라는 단순한 물질로 이루어져 있는 DNA는 그토록 복잡한 유전정보를 담을 수 없어 보였지만, 20종의 아미노산으로 구성된 단백질은 각각 그 조성이 다른 매우 복잡한 물질이었기 때문이다.

    그럼 유전자의 실체가 단백질이 아니라 DNA임을 어떻게 알았을까? 여기에는 캐나다 태생의 미국인 세균학자 오즈월드 에이버리(Oswald Theodore Avery, 1877~1955)의 공헌이 크다. 그는 폐렴쌍구균(*Streptococcus pneumoniae*)에 병원성인 S형균과 비병원성인 R형균이 있으며, 사멸한 S형균에 살아 있는 R형균을 넣으면 S형균이 출현하는 현상에 주목했다. 이것을 R형균에서 S형균으로의 형질전환이라고 하는데, 에이버리는 이 현상을 일으키는 물질이 무엇인지 조사했다. 그런데 죽은 S형균에서 단백질을 제거한 뒤 DNA만 R형균에 넣었더니 형질전환이 일어났다.

    에이버리는 1944년 이 실험을 통해 형질전환을 일으킨 물질(바로 유전물질)이 단백질이 아니라 DNA임을 증명했다. 그러나 당시 학자 대부분은 에이버리의 발견을 바로 믿을 수 없었다. 에이버리가 정제한 DNA에는 아직 단백질이 아직 남아 있어서 이것이 형질전환을 일으켰다는 의견이 나올 정도였다.

    상황이 뒤바뀐 것은 DNA의 입체 구조가 밝혀진 1953년이었다. 제임스

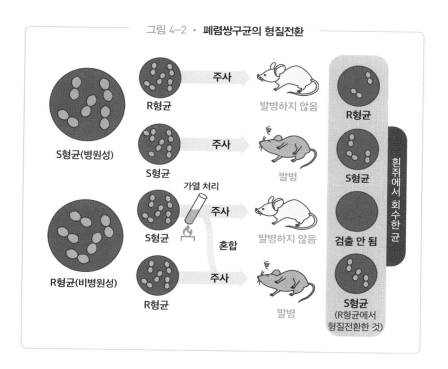

그림 4-2 · 폐렴쌍구균의 형질전환

S형균(병원성)

R형균

주사

발병하지 않음

S형균

주사

발병

R형균(비병원성)

S형균

가열 처리

주사

혼합

발병하지 않음

R형균

주사

발병

R형균

S형균

검출 안 됨

S형균
(R형균에서
형질전환한 것)

흰쥐에서 회수한 균

왓슨과 프랜시스 크릭이 DNA의 X선 회절 사진을 근거로 DNA의 이중나선
구조 모델을 발표했으며, 이것이 유전자 본체가 DNA라는 결정적 증거가 되
었다(3-4의 그림 3-6 참조).

4-3

 ## 인간 연구에 도움을 주는 초파리 연구
–몸을 만드는 혹스유전자의 발견

유전자 연구는 부모에서 자식으로 세대를 뛰어넘어 전달되는 것을 조사하는 일이다. 그래서 인간처럼 수명이 긴 생물의 유전 현상을 조사하기란 매우 어렵다. 따라서 분자생물학자들은 일생이 짧은 대장균 등을 이용한 연구를 시작했다. 그러나 대장균의 형태적 특징을 찾아 차이를 조사하는 작업은 쉽지 않아, 더 고등한 생물의 유전 연구가 필요했다.

미국의 유전학자인 토머스 모건(Thomas Hunt Morgan, 1866~1945)은 과일에 모이는 작은 파리인 노랑초파리(*Drosophila melanogaster*)에 주목했다. 그가 눈이 하얀 개체를 발견해 이 특징이 어떻게 유전되는지 조사하면서 유전학의 기초가 쌓여 왔다. 그러나 자연계에는 돌연변이가 일어날 확률이 낮으므로, 모건은 노랑초파리에 X선을 쐬어 다양한 돌연변이체를 만들기 시작했다.

노랑초파리를 이용한 유전학 연구는 지금도 분자생물학이나 발생학과 연계해 다양한 성과를 내고 있다.

그럼 지금까지 어떤 돌연변이체를 만들었을까? 눈 색이나 모양이 변한 개체, 원래 2장인 날개가 4장이 된 개체, 얼굴에 더듬이 대신 다리가 난 개체 등이 있으며, 가장 놀라운 개체는 온몸에 눈이 생긴 개체다.

'생물학자들이 이상한 생물을 만들어 내는 것 아닐까?' 하고 의심하면 난감하므로 그들을 대변해 이야기하자면, 이 기묘한 돌연변이체는 생물의 몸이 어떻게 만들어지는지 유전자 단위로 연구할 때 꼭 필요하다. 얼굴에 다리가 난 개체는 몸의 구조를 만드는 유전자가 망가지면 완전히 다른 곳에 다리가 날 가능성이 있다는 사실을 나타내고, 온몸에 눈이 생긴 개체는 눈이 생기는 위치를 정하는 유전자가 망가지면 아무 곳에나 눈이 생길 가능성이 있음을 알려 준다. 게다가 날개가 4장인 개체는 몸의 각 기관이 정확한 위치에 형성되는 데 관여하는 혹스 유전자(HOX gene)의 발견으로 이어졌다. 이 유전자는 곤충뿐만 아니라 인간을 포함한 척추동물에도 있다는 사실 역시 밝혀졌다.

그림 4–3 · **노랑초파리의 날개 돌연변이**

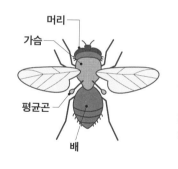

곤충의 몸은 머리·가슴·배로 나뉘며, 가슴은 다시 전흉·중흉·후흉이라는 세 개의 체절로 나뉜다. 각 흉부 체절에는 한 쌍의 다리가 있고, 중흉과 후흉에는 각각 한 쌍의 날개가 있다. 초파리는 후흉의 날개가 퇴화해 평균곤이라는 막대가 되는 바람에 날개는 중흉에 한 쌍(2장)만 있다. 왼쪽 그림은 정상적인 노랑초파리다.

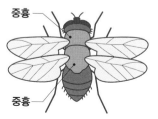

울트라이중흉부유전자(ultrabithorax gene)에 돌연변이가 일어나면 날개가 4장이 된다. 후흉을 만드는 유전자가 파괴돼 후흉에 중흉과 같은 구조가 만들어지기 때문이다.

109

그림 4-4 · 노랑초파리의 안테나페디아 돌연변이

정상적인 노랑초파리의 얼굴

**안테나페디아유전자가 파괴되면
더듬이 대신 다리가 남**

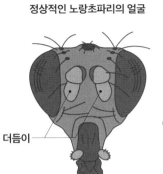
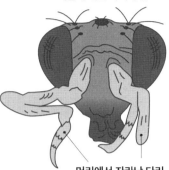

더듬이

머리에서 자라난 다리

정상적인 개체는 머리에서 더듬이가 자라나지만, 안테나페디아유전자에 돌연변이
가 일어나면 더듬이 대신 다리가 자란다.

4-4

유전자를 자르거나 붙이는 방법
－유전자재조합의 기초 지식

유전자 본체가 DNA라는 사실을 알게 된 후, DNA 사슬을 자르거나 붙여 비교적 자유롭게 유전자를 변화시키거나 변화시킨 유전자를 사용해 다양한 특징을 지닌 생물을 만들 수 있게 되었다.

먼저, 유전자를 자르는 '가위'와 유전자를 붙이는 '접착제'에 대해 알아보자. '가위'에 해당하는 것이 '제한효소(estriction enzyme)'다. DNA 사슬에는 4종류의 염기가 한 줄로 늘어서 있는데, 이 배열은 유전자에 따라 특징이 있다. 제한효소는 어떤 특징적인 염기서열만 식별해 절단한다. 그림 4-5를 보자. 유명한 제한효소인 EcoR1은 GAATTC라는 염기서열을 식별해 G와 A 사이를 절단한다. 그러면 사슬이 2개인 DNA는 같은 위치에서 똑바로 잘리지 않고 AATT라는 4염기가 어중간하게 남는데, 이 부분은 이중나선이 되지 않고 하나의 사슬로 남는다. 이 부분은 다른 DNA의 TTAA 부분을 찾아내 그곳과 결합하려는 성질이 있으므로 점착말단(cohesive-end)이라고 한다.

어떤 DNA의 단편을 다른 DNA에 삽입할 때는 넣고 싶은 DNA와 넣을 위치의 DNA를 같은 종류의 제한효소를 사용해 절단해 두고 같은 배열의 점착말단을 만들어 두면, DNA 분자끼리 자연스럽게 결합한다. 하지만 여전히 G와 A 사이가 절단된 상태이므로, G와 A를 엮어서 DNA 사슬을 결합해야 한다. 이것이 '접착제'에 해당하는 DNA연결효소(DNA ligase)로, 이 효소를 사용해 DNA 단편을 다른 DNA 단편과 결합할 수 있다.

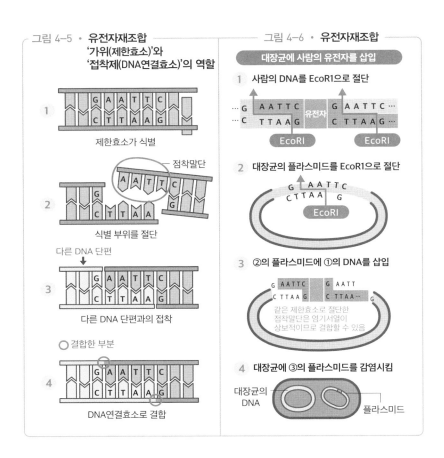

그림 4-5 · 유전자재조합
'가위(제한효소)'와
'접착제(DNA연결효소)'의 역할

1 제한효소가 식별

점착말단

2 식별 부위를 절단

다른 DNA 단편

3 다른 DNA 단편과의 접착

○ 결합한 부분

4 DNA연결효소로 결합

그림 4-6 · 유전자재조합

대장균에 사람의 유전자를 삽입

1 사람의 DNA를 EcoR1으로 절단

… G AATTC   G AATTC …
… C TTAAG 유전자 C TTAAG …
        EcoRI   EcoRI

2 대장균의 플라스미드를 EcoR1으로 절단

G AATTC
CTTAA G
    EcoRI

3 ②의 플라스미드에 ①의 DNA를 삽입

G AATTC   G AATT
C TTAAG   C TTAA… G
같은 제한효소로 절단한
점착말단은 염기서열이
상보적이므로 결합할 수 있음

4 대장균에 ③의 플라스미드를 감염시킴

대장균의
DNA
              플라스미드

이렇게 어느 특정 유전자를 다른 유전자와 결합하는 과정을 '유전자재조합'
이라고 한다.

4-5

유전자변형농산물의 현재
−GMO의 장단점

과학자들은 오래전부터 우수한 성질을 지닌 농산물끼리 교배해 더욱 우수한 성질을 지닌 농산물만 고르는 품종개량법을 사용해 왔다. 하지만 이 방법은 품종개량에 매우 오랜 시간이 걸리는 데다, 비슷한 품종끼리 교배하므로 새로운 품종을 만들어 낼 수 없다. 그런데 최근에는 유전자재조합으로 전혀 다른 생물종에서 원하는 유전자를 꺼내 농산물에 넣음으로써 우수한 성질을 지닌 농산물을 만들 수 있게 되었다. 이를 유전자변형농산물이라고 한다. 영어로는 작물뿐만 아니라 유전자재조합이 이루어진 모든 생물을 대상으로 '유전적으로 변형된 생물'이라는 뜻의 GMO(Genetically Modified Organism)라는 용어를 쓴다.

국내에서는 유전자변형농산물에 대한 소비자의 저항이 크지만, 전 세계적으로 보면 대두나 옥수수 등은 이미 유전자변형농산물이 높은 비율을 차지하고 있다. 2016년 현재 대두는 전체 경작 면적의 94%를 유전자변형농산물이 차지하고 있다.

그럼 유전자변형농산물은 어떻게 만들어지고 어떤 장단점이 있으며, 불안 요소는 무엇인지 정리해 보자.

먼저 장점이다. 제초제에 내성이 있는 농산물(예: 제초제 라운드업(Roundup)에 내성을 지닌 대두 등)이나 병해충저항성이 있는 농산물(예: 독충성 단백질의 유전자를 심은 Bt-옥수수 등)이 등장하면서 살포하는 농약의 종류와 양이

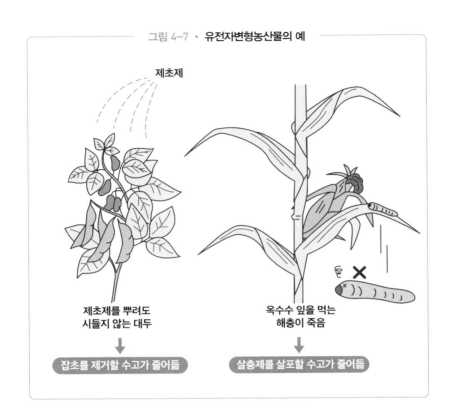

그림 4-7 · 유전자변형농산물의 예

제초제

제초제를 뿌려도
시들지 않는 대두

→ 잡초를 제거할 수고가 줄어듦

옥수수 잎을 먹는
해충이 죽음

→ 살충제를 살포할 수고가 줄어듦

대폭 줄었다. 덕분에 대규모 농업을 시행하는 미국 등에서는 생산비가 크게
감소했다.

반면, 단점도 있다. 주로 인체와 생태계에 미치는 영향이다. 원래 그 생물
에 없던 유전자를 유전자재조합으로 심어 넣었기 때문에, 유전자변형농산물
을 식품으로 계속 먹었을 때 어떤 영향이 어떻게 나타날지 알 수 없다. 쥐에
게 유전자변형농산물을 계속 먹이는 실험을 했을 때 암을 유발했다는 발표
가 있는 한편, 반론도 있다. 실제로는 어떤지 전문가에 따라 의견이 나뉜다.

그리고 제초제 내성 유전자가 꽃가루 등을 통해 농산물 이외의 식물(잡초 등)

에 침투해 작동하면 제초제가 듣지 않을 위험도 있다. 단일경작(monoculture)처럼 농장에서 유전자변형농산물만 키우는 특수한 환경이 조성되면 주변 생태계에 어떤 식으로 영향을 미칠지 알 수 없다.

한편, 사람의 입에 들어가지 않는 '관상용' 유전자변형농산물은 소비자의 저항감이 적은 탓인지 국내에서도 대규모로 재배하고 있다. 지금까지 장미는 빨간색, 분홍색, 노란색, 하얀색이 대부분이었다. 장미에는 원래 파란색 유전자가 없어서 교배를 통한 품종개량으로는 '파란 장미'를 만들지 못했다. 그러나 2004년 일본의 주조 회사인 산토리에서 장미와는 아무 관련이 없는 피튜니아(Petunia)의 파란색 유전자를 장미에 주입하는 데 성공해 '파란 장미'가 등장했다.

다양한 논의가 오가는 와중에도 유전자변형농산물은 앞으로 점점 증가하리라 예상되며, 이에 따른 세간의 관심도 끊이지 않을 것이다.

제
4
장

유
전
자
와
D
N
A
의
정
체
를
찾
다

4-6

새로운 유전자재조합 기술
−유전자 편집

유전자 편집(Genome editing)은 새로 개발된 유전자재조합기술이다. 지금까지 개발된 유전자재조합 기술로는 목적한 위치에 유전자를 넣기가 어려웠지만, 유전자 편집을 이용하면 자신이 넣고 싶은 장소에 목적한 유전자를 확실히 넣을 수 있다. 지금까지는 고장 난 유전자가 말썽을 부려도 정상적인 유전자를 다른 장소에 넣는 유전자 치료밖에 하지 못했다. 그러나 유전자 편집을 이용하면 고장 난 유전자를 파괴하고 그곳에 정상적인 유전자를 넣을 수 있다.

이뿐만 아니다. 지금까지는 유전자가 세포 속으로 제대로 들어갔는지 아닌지 조사하기 위해 벡터(vector)라는 유전자 운반체와 함께 약물내성유전자를 넣어야 했지만, 유전자 편집은 벡터나 여분의 유전자가 필요하지 않다. 징크핑거핵산분해효소(zinc-finger nuclease, ZFN), TAL 인자 핵산분해효소(TAL effector nuclease, TALEN), 크리스퍼/캐스9(CRISPR/Cas9) 등의 물질을 주로 사용한다. 최근에는 유전자 치료 외에도 채소나 과일 등의 농산물, 돼지나 소 등의 축산물, 어패류 등의 수산물에 유전자 편집을 응용한다. 이 기술을 사용해 고기의 양이 1.5배 많은 돼지, 잘 썩지 않는 토마토 등이 차례차례 태어나고 있다.

유전자 편집 덕분에 유전자재조합 기술이 비약적으로 발전하긴 했지만, 전 세계에 유전자변형생물이 늘어나면 무슨 일이 발생할지 모른다고 경종을 올리는 과학자들도 있다. 인간이 원하는 대로 유전자를 조작하면 나중에 어떤 영향을 미칠지 모른다는 말이다. 예를 들어 아프리카에는 낫모양적혈구빈혈(sickle-cell anemia)이라는 질병이 있는데, 헤모글로빈 유전자 돌연변이가 이 질병의 원인이다. 아프리카에는 말라리아라는 무시무시한 질병도 있는데, 낫모양적혈구빈혈 환자는 말라리아에 잘 걸리지 않는다고 한다. 그런데 유전자 치료를 통해 낫모양적혈구빈혈을 치료하면 말라리아로 죽는 사람이 늘어나지 않을까 우려할 수 있다.

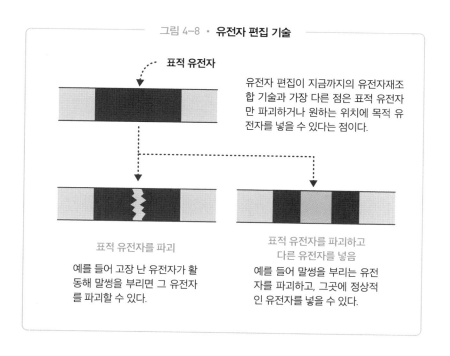

그림 4-8 · **유전자 편집 기술**

표적 유전자

유전자 편집이 지금까지의 유전자재조합 기술과 가장 다른 점은 표적 유전자만 파괴하거나 원하는 위치에 목적 유전자를 넣을 수 있다는 점이다.

표적 유전자를 파괴

예를 들어 고장 난 유전자가 활동해 말썽을 부리면 그 유전자를 파괴할 수 있다.

표적 유전자를 파괴하고 다른 유전자를 넣음

예를 들어 말썽을 부리는 유전자를 파괴하고, 그곳에 정상적인 유전자를 넣을 수 있다.

4-7

단시간에 유전자를 대량으로 늘리는 방법
-PCR법의 원리

유전자재조합이 시작된 1970년대 무렵에는 오로지 대장균만을 이용해 연구를 진행했다. 대장균이 지닌 짧은 고리형 DNA인 플라스미드에 목적 유전자를 변형해 주입하고, 그것을 대장균 세포 속에 넣어 유전자 수를 늘렸다. 그 당시는 유전자 수를 늘리려면 대장균 같은 생물의 힘이 필요하다고 믿었기 때문이다.

그런데 그 상식을 뒤집은 한 연구자가 있었다. 미국의 생명공학 기업 시타스사의 캐리 멀리스(Kary Banks Mullis, 1944~)는 DNA의 구성 요소인 뉴클레오타이드와 DNA를 합성하는 효소인 'DNA중합효소'를 함께 넣어 두는 인공적 DNA 합성법을 고안했다. 멀리스는 이 방법을 중합효소연쇄반응(Polymerase chain reaction)이라 이름 붙였으며, 요즘은 대문자만 따서 PCR이라고 한다.

이 방법을 간단히 설명하면 다음과 같다. 먼저 증폭하고 싶은 DNA, DNA의 재료인 뉴클레오타이드, 증폭하고 싶은 DNA 끝에 결합하는 짧은 DNA 단편(프라이머(primer)라는 약 20개 염기쌍의 올리고뉴클레오타이드)과 고온에도 작동하는 호열성 DNA중합효소를 함께 넣어 둔다. 이것을 94℃ 정도로 온도를 높이면 가닥이 두 개인 DNA가 각각 하나의 가닥으로 풀린다. 다음으로 60℃ 정도까지 온도를 낮추어 프라이머를 DNA 가닥 하나와 결합하도록 한다(어닐링(annealing)이라고 한다). 다시 72℃ 정도까지 온도를 높이면 호열성 DNA중합효소가 프라이머와 결합한 DNA 가닥을 주형으로 하여 새로운 DNA 가닥을 합성한다. 그리고 다시 온도를 94℃로 높여 두 개의 DNA 가닥을 분리하는 일련의 과정을 20번 정도 반복하면, 목적한 DNA를 수만 배까지 증폭할 수 있다.

멀리스는 이 업적으로 1994년 노벨화학상을 받았다. PCR법은 현재도 전 세계의 연구실에서 사용되며, 분자생물학 발전에 크게 기여하고 있다.

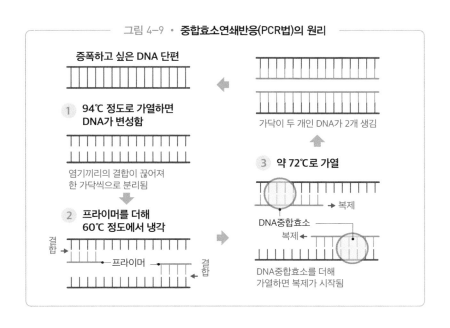

그림 4-9 • **중합효소연쇄반응(PCR법)의 원리**

증폭하고 싶은 DNA 단편

1 **94℃ 정도로 가열하면 DNA가 변성함**

염기끼리의 결합이 끊어져 한 가닥씩으로 분리됨

2 **프라이머를 더해 60℃ 정도에서 냉각**

결합

프라이머

결합

가닥이 두 개인 DNA가 2개 생김

3 **약 72℃로 가열**

복제

DNA중합효소

복제

DNA중합효소를 더해 가열하면 복제가 시작됨

4-8

유전자의 염기서열 결정법
-DNA 염기서열화

　유전자의 유전암호는 DNA에 들어 있는 4종류의 염기가 나열된 방법(염기서열이라고 한다)에 있다. 그리고 이 유전암호는 단백질의 아미노산 나열법을 결정한다. 단백질은 몸속에서 물질대사나 운동 등 모든 생명 활동에 적극적으로 작용하므로, 유전자의 염기서열 결정은 매우 중요하다.

　그럼 DNA 염기서열은 어떤 방법으로 결정할까? 먼저, 끝이 어느 특정 염기가 되도록 만든 DNA 단편을 준비한다. 방법은 다음 2가지 종류가 있다.

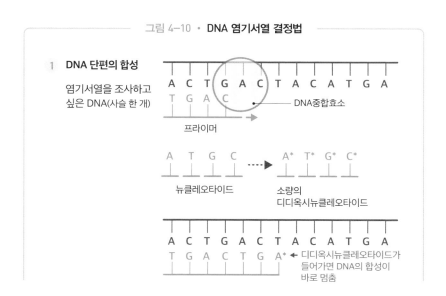

그림 4-10 · DNA 염기서열 결정법

1 DNA 단편의 합성

염기서열을 조사하고 싶은 DNA(사슬 한 개)

DNA중합효소

프라이머

뉴클레오타이드　→　소량의 디디옥시뉴클레오타이드

디디옥시뉴클레오타이드가 들어가면 DNA의 합성이 바로 멈춤

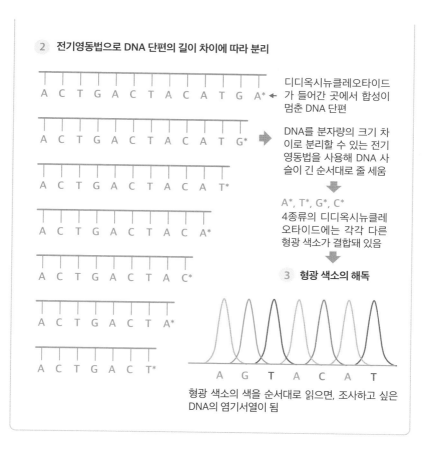

2 전기영동법으로 DNA 단편의 길이 차이에 따라 분리

A C T G A C T A C A T G A* ← 디디옥시뉴클레오타이드가 들어간 곳에서 합성이 멈춘 DNA 단편

A C T G A C T A C A T G* → DNA를 분자량의 크기 차이로 분리할 수 있는 전기영동법을 사용해 DNA 사슬이 긴 순서대로 줄 세움

A C T G A C T A C A T*

A C T G A C T A C A A* A*, T*, G*, C*
4종류의 디디옥시뉴클레오타이드에는 각각 다른 형광 색소가 결합돼 있음

A C T G A C T A C C*

A C T G A C T A A* ## 3 형광 색소의 해독

A C T G A C T T*

A G T A C A T

형광 색소의 색을 순서대로 읽으면, 조사하고 싶은 DNA의 염기서열이 됨

첫 번째는 합성법으로, 발견자의 이름을 따 생어법이라고 한다. 영국의 생화학자 프레더릭 생어(Frederick Sanger, 1918~2013)는 DNA의 구성 요소인 뉴클레오타이드에 모양이 조금 다른 디디옥시뉴클레오타이드(dideoxynucleotide)를 섞는 방법을 고안했다. 디디옥시뉴클레오타이드는 디옥시뉴클레오타이드에서 산소가 하나 없어진 뉴클레오타이드로, 더 이상 다른 뉴클레오타이드가 결합할 수 없다. DNA중합효소가 DNA를 합성할 때 디디옥시뉴클레오타이드가 들어가면 그 순간 DNA 합성이 멈춘다. 이 현상을 이용해 어느 특정 염

기의 위치에서 합성을 정지시킨 DNA 단편을 합성한다. 예를 들어 염기가 아데닌인 디디옥시뉴클레오타이드를 사용하면 A의 위치에서 합성이 멈추고, DNA 끝이 A가 된다. 4종류의 염기에 각각 4종류의 디디옥시뉴클레오타이드를 사용하면 DNA 끝이 A, T, G, C인 4종류의 DNA 단편을 만들 수 있다(그림 4-10의 ① 참조). 4종류의 디디옥시뉴클레오타이드에 다른 색의 형광 색소를 결합하면 끝이 A면 빨간색, 끝이 G면 녹색 등으로 이들을 구분할 수 있다.

또 하나의 방법은 화학분해법으로, 발견자의 이름을 따 '맥삼-길버트법(Maxam-Gilbert Sequencing)'이라고 한다. DNA의 특정 염기를 시약으로 처리하면 그 위치의 DNA가 절단되기 쉬워지는 현상을 이용한다. 이 방법으로 DNA 끝이 특정 염기를 지닌 DNA 단편을 만들 수 있다.

그다음, 끝에 특정 염기를 지닌 DNA 단편으로 어떻게 염기서열을 결정할까? 그림 4-10의 ②를 보자. DNA 단편을 길이 차이에 따라 분리하는 전기영동법(electrophoresis)을 사용한다. DNA 단편을 시작 지점에 쭉 세워 놓고 일제히 전기영동을 시작한다. 그러면 짧은 DNA 단편은 빨리 이동하고, 긴 DNA 단편은 천천히 이동한다. 가장 먼저 도착 지점에 도달한 DNA부터 순서대로 레이저를 쏴 형광 색소의 색을 읽어 나간다. 앞에서 이야기했듯, 염기의 종류에 따라 형광 색소의 색이 다르기 때문에 색 순서가 DNA의 염기서열이 된다.

4-9

 ## 인간 게놈이란 무엇일까
－인간게놈프로젝트의 선물

1-10에서 게놈에 대해 간략하게 이야기했는데, 지금부터는 게놈 해독의 역사에 대해 자세히 알아보자. 생물의 유전자가 DNA이고 그 염기서열이 유전암호라는 사실을 알게 된 뒤, 전 세계의 연구자들은 다양한 유전자를 발견하고 그 염기서열을 결정하는 작업에 착수했다. 이탈리아 출신의 바이러스학자 레나토 둘베코(Renato Dulbecco, 1914~2012)는 종양 바이러스나 암유전자를 연구했지만, 전 세계에서 차례차례 새로운 암유전자가 발견되는 모습을 보고 '이대로는 끝이 없을 테니 차라리 사람의 모든 유전자를 조사해 보면 어떨까?'라는 발상을 했고, 1986년에 최초로 '인간게놈프로젝트(사람의 유전자를 포함한 모든 DNA 염기서열을 해석하는 계획)'를 제안했다. 그러나 당시 기술로는 사람이 지닌 30억 개의 염기쌍 전체의 염기서열을 해석하려면 수백 년이 걸리므로, 매우 현실성 없는 이 이야기에 누구나 주저할 수밖에 없었다. 그러나 그 후 DNA 염기서열 결정법이 진보하며 이야기에 현실성을 띠게 되었다.

일본에서는 1987년 도쿄대학의 와다 아키요시(和田昭充, 1929~)가 세계 최초로 DNA 염기서열 결정을 기계화해 성과를 논문으로 발표하기는 했지만, 일본에서는 별로 관심이 없었고 오히려 미국에서 크게 주목했다. 일본에서 대대적인 연구를 시작했다고 오해한 미국 정부는 위기감을 느꼈고, 적극적으로 인간 게놈 해독에 착수했다.

1988년 DNA 이중나선 구조의 발견자 중 한 사람인 제임스 왓슨의 호소로

제4장 유전자와 DNA의 정체를 찾다

'인간 게놈 국제기구'가 설립되고, 1990년 인간게놈프로젝트가 본격적으로 시작했다. 그런데 인간게놈프로젝트가 신약 개발 등 의약계에 큰 선물을 가져올지도 모른다고 여긴 크레이그 벤터(John Craig Venter, 1946~)가 이끄는 민간기업 셀레라사(Celera Corporation)도 독자적으로 인간 게놈 해석에 착수해, 미국 정부를 중심으로 한 공적 연구팀과 치열한 경쟁을 벌이기 시작했다.

천문학적 예산이 프로젝트에 투입된 결과, DNA 염기서열을 결정하는 장치인 'DNA 시퀀서(DNA sequencer)'의 성능이 현격히 진보했다. 2000년에는 공적 연구팀과 셀레라사가 동시에 '인간게놈프로젝트'를 거의 종료했다고 발표하며 양쪽의 경쟁은 종지부를 찍었다. 그리고 1953년 왓슨과 크릭이 DNA 구조를 발표한 지 정확히 50년 후인 2003년, 최종적으로 '인간게놈프로젝트'를 완료했다고 발표했다.

이 프로젝트는 사람의 유전자뿐만 아니라 그 앞뒤로 있는 의미 불명의 DNA 배열을 포함한 모든 염기서열(30억 염기쌍)을 해석하는 것으로, 이후 분자생물학 연구에 큰 변화를 초래했다. 그전까지는 오로지 개개의 유전자를 하나씩 분석해서 새로운 유전자를 발견하고 기능을 조사하는 방법만 사용했지만, 인간게놈프로젝트 종료 후에는 게놈 해석을 통해 얻은 방대한 정보에서 유용한 정보를 파내는 '데이터마이닝(data mining)'이라는 방법을 도입하게 되었다.

인간게놈프로젝트로 얻은 지식은 새로운 질병 원인 유전자의 발견이나 진단 방법의 개선으로 이어져, 환자 한 사람 한 사람에게 맞춰 진단과 치료를 하는 '맞춤의료(order-made medicine)'의 발전이 기대된다.

맞춤의료는 암 치료 등에 큰 도움이 된다. 가령 지금까지는 암에 걸린 환자에게 일률적으로 외과요법이나 항암제 치료 등을 시행했지만, 현재는 환자의 유전자 타입을 조사해 어떤 항암제가 유효한지 확인할 수 있다. 이런 식으로 환자는 자신의 체질에 맞는 치료를 받을 수 있게 되었다.

4-10

 술을 잘 못 마시는 한국인이
많은 이유
－알데하이드탈수소효소 2형(ALDH2) 이야기

　한국에는 술에 극단적으로 강한 사람과 약한 사람이 있다. 그래서 다양한
사람들이 모인 술자리에 가면, 나는 술을 연거푸 마셔도 아무렇지 않은데 저
사람은 왜 맥주 한 잔만 마셔도 저렇게 얼굴이 새빨개질까 의아했던 경험이
있을 것이다. 어쩌면 거꾸로 나는 술을 전혀 못 마시는데 다른 사람들이 전혀
이해해 주지 않아 답답했던 경험도 있을지 모른다. 확실히 한국인 중에는 서
양인보다 술을 못 마시는 사람이 많다.

　왜 한국인은 술에 약한 사람이 많을까? 술에 든 알코올이 분해해서 생긴 아
세트알데하이드(acetaldehyde)라는 몸에 해로운 물질을 해롭지 않은 아세트산으
로 분해할 수 있느냐 없느냐가 의문을 푸는 열쇠다. 한국인 중에는 아세트알
데하이드를 분해하는 데 필요한 '알데하이드탈수소효소 2형(ALDH2)' 유전자
에 변이가 있는 사람이 많은데, 그런 사람은 아세트알데하이드를 잘 분해할
수 없기 때문에 술을 조금만 마셔도 아세트알데하이드의 독성이 몸에서 다양
한 반응을 일으켜 '만취' 상태를 만들어 낸다. 술에 강한지 약한지는 ALDH2
의 유전자 중 한 곳의 단일염기다형성(single nucleotide polymorphism, SNP)의 변
이를 조사하면 알 수 있다. 자신이 술에 강한지 약한지 알고 싶다면 조사해
주는 업체가 있으니 찾아가 보라. 한국인은 한 사람이 지닌 2개의 ALDH2 유

전자(아버지와 어머니에서 유래)가 양쪽 모두 술에 강한 유형(GG형)은 50%가 조금 넘고, 한쪽만 약한 유형(GA형)은 40%에 조금 못 미치며, 양쪽 다 약한 유형(AA형)은 5% 전후라고 한다. 즉, 스무 명에 한 사람꼴로 술을 전혀 못 마시는 유형에 속한다.

그림 4–11 • 알코올 분해에 관한 개인차

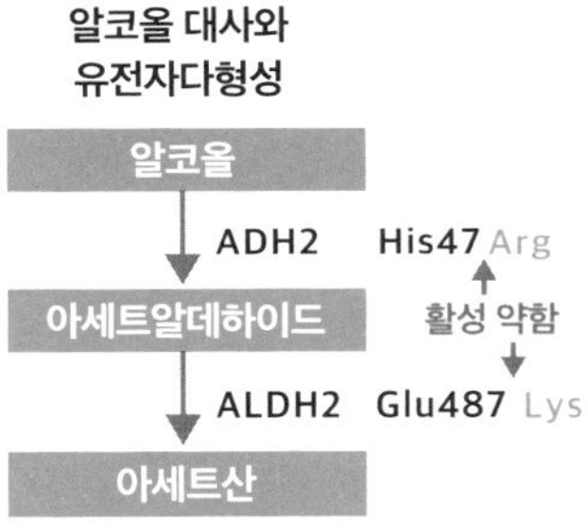

알코올 대사와 유전자다형성

알코올

| ADH2   His47 Arg
↓   ↑ 활성 약함

아세트알데하이드

| ALDH2   Glu487 Lys
↓

아세트산

알코올 분해에는 개인차가 있으며, 알코올탈수소효소(ADH2)와 알데하이드탈수소효소 2형(ALDH2)의 변이와 관계가 있다. ADH2의 47번째 히스티딘(His)이 아르지닌(Arg)과 바뀌면 효소 활성이 현저히 떨어진다. 또한 ALDH2의 487번째 글루탐산(Glu)이 리신(Lys)과 바뀌면 효소 활성이 현저히 떨어진다. ALDH2에 변이가 있는 사람은 숙취의 원인 물질인 아세트알데하이드가 체내에 축적되기 쉽다. 즉, 술에 약하다.

그림 4–12 • 알데하이드탈수소효소 2형(ALDH2)의 효소 활성에 영향을 주는 SNP

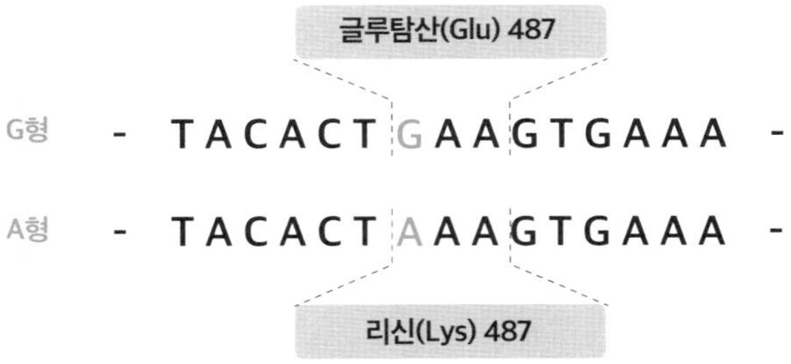

글루탐산(Glu) 487

G형   - TACACT G AAGTGAAA -

A형   - TACACT A AAGTGAAA -

리신(Lys) 487

동물의
발생 원리

전성설과 후성설 논쟁
−유전자 발견 전까지

　달걀에서 어떻게 병아리가 태어날까? 단순해 보이는 알에서 불과 20일 정도만 지나면 복잡한 병아리의 몸이 만들어지는 모습은 참으로 불가사의하다.

　이와 마찬가지로 '우리의 몸은 어떻게 만들어지는가?'라는 의문도 아주 오래전부터 사람들의 호기심을 자극했다. '아무것도 없는 상태에서 저렇게 복잡한 몸이 탄생할 리 없다. 틀림없이 인간의 눈에 보이지 않는 작은 사람이 있고, 그것이 점차 커진 것이다.'라는 가설이 나오는 것도 무리가 아니다. 이처럼 알 속에 새끼와 똑같은 형태의 작은 모형이 있고 그것이 발생에 따라 커질 뿐이라는 사고방식을 '전성설(incasement theory)'이라고 하며, 고대 그리스부터 쭉 믿어 왔다.

　그런데 후대에 와서 현미경이 발명되고 정자가 발견되자, 알보다 정자 쪽이 훨씬 더 활동적이라는 이유를 들어 '새끼의 모형'이 들어 있는 곳은 정자 속이며 알은 정자의 영양분에 지나지 않는다는 주장도 등장했다. 심지어 정자의 머리 부분에 들어 있는 '호문쿨루스(Homunculus)'라는 '아기 모형'을 보고 그렸다는 스케치까지 나왔다. 그러나 지금은 알이나 정자 속에 사람의 모형이 들어 있다는 주장을 아무도 믿지 않는다.

　몸의 형태는 발생과 함께 서서히 완성된다는 '후성설(epigenesis)'이 타당하다고 여겨지지만, 우리 세포 속에 유전자가 있다는 사실을 알게 된 현재에는 사람의 모형에 해당하는 것이 유전자 한 세트, 즉 게놈이라고 본다. 정자 속에 작은 인간이 들어 있지는 않지만, 신체를 만드는 설계도인 유전자가 작은 인간에 해당한다는 이야기다. 이렇게 전성설과 후성설 사이에서 전개되어 온 논쟁은 유전자의 발견으로 인해 크게 모습을 바꾸었다.

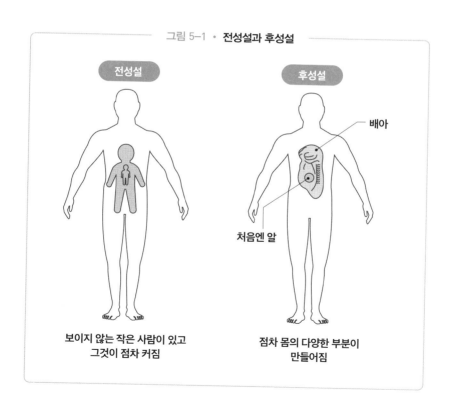

그림 5-1 · **전성설과 후성설**

전성설

후성설

배아

처음엔 알

**보이지 않는 작은 사람이 있고
그것이 점차 커짐**

**점차 몸의 다양한 부분이
만들어짐**

5-2

세포의 전능성이란 무엇일까
−잃어버린 전능성을 초기화하는 기술

우리 몸은 수많은 세포로 이루어져 있다. 이 세포들은 원래 한 개의 수정란에서 생기지만, 몸이 형성되어 가는 과정에서 심장이나 간, 근육 등을 구성하는 다양한 종류의 세포로 변화한다. 한 개의 수정란에서 생긴 세포가 특수한 기능을 하는 세포로 바뀌는 현상을 세포의 분화라고 한다.

수정란은 하나의 세포지만, 여러 번 분열하여 상당히 많은 세포가 되고, 그 세포들이 몸의 모든 기관을 구성한다. 그래서 수정란은 나중에 어떤 세포로든 분화할 수 있는 능력이 있다. 이 성질을 전능성(totipotency)이라고 한다. 수정란이 세포분열을 여러 차례 반복하는 동안, 어떤 세포는 나중에 특정 세포로밖에 분화하지 못하게 된다. 이 현상을 전능성을 잃었다고 한다. 그리고 그 세포가 나중에 근육이나 혈액 세포처럼 운명이 정해진 특정한 세포로 분화할 수 있는 능력을 지니는 것을 다능성(pluripotency)이라고 한다.

영국의 발생학자 존 거던(John Bertrand Gurdon, 1933~)은 분화한 동물세포의 핵에도 모든 세포로 분화시키는 능력이 있다는 사실을 최초로 발견했다. 거던은 아프리카발톱개구리(Xenopus laevis)의 수정란에 자외선을 쪼여 핵에 들어 있는 DNA를 파괴하고 그곳에 올챙이의 소장에서 채취한 상피세포의 핵을 이식했는데, 수정란은 올챙이까지 발생이 진행되었다.

이처럼 한번 분화한 세포의 핵이 잃어버린 전능성을 회복하는 현상을 초기화라고 한다. 거던은 이 공적을 인정받아 iPS세포를 만든 일본 교토대학의 야마나카 신야(山中伸弥, 1962~)와 함께 2012년 노벨생리의학상을 공동 수상했다.

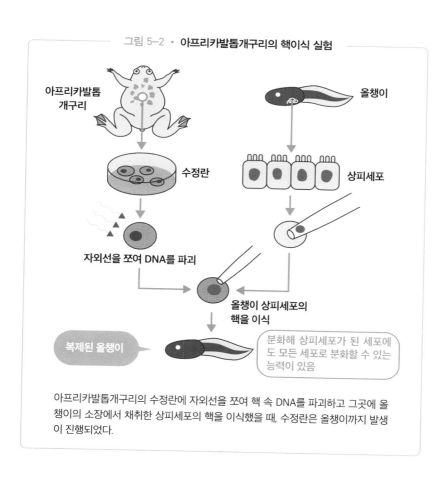

그림 5-2 · **아프리카발톱개구리의 핵이식 실험**

아프리카발톱개구리의 수정란에 자외선을 쪼여 핵 속 DNA를 파괴하고 그곳에 올챙이의 소장에서 채취한 상피세포의 핵을 이식했을 때, 수정란은 올챙이까지 발생이 진행되었다.

5-3

수정란에서 배가 생기기까지
−성게의 발생과 개구리의 발생

세포 하나의 크기는 대략 수십 μm로, 크기는 거의 일정하다. 이렇듯 세포의 크기를 제약하는 원인으로 물리학적 요인이 있다. 세포 구석구석까지 산소나 영양분을 보내기 위한 방법으로 물질의 분자운동인 '확산'을 이용한다. 그런데 세포가 너무 크면 세포의 부피당 표면적이 줄어들어 세포 속 일부분이 영양부족이나 산소 결핍에 빠질 수 있다. 또한 핵의 유전정보를 토대로 결합한 단백질도 세포 안에서 확산을 통해 이동하므로, 세포가 너무 크면 세포의 구석까지 핵의 지령이 전달되지 않는다.

따라서 동물이 발생할 때 수정란만 다른 세포에 비해 훨씬 크고, 발생이 시작하면 세포가 잇따라 분열해 세포 하나하나의 크기는 순식간에 작아진다. 발생 초기에는 세포의 크기는 커지지 않고 세포분열만 일어나는데, 이를 난할(cleavage)이라고 한다.

성게의 발생에 대해 알아보자. 그림 5-3을 보면 수정란이 처음에는 2개, 4개, 8개로 각각 같은 크기의 세포(할구(blastomere))로 나뉘는데, 이 모습이 뽕나무의 열매인 오디와 비슷하다 해서 상실배(morula)라고 한다. 난할이 더 진행되면 포배(blastula)가 되고, 세포는 점점 배아 표면으로 이동해 중앙에 공간(포배강(blastocoel))이 생긴다.

여기서부터 중요 이벤트가 시작한다. 표면을 덮고 있던 세포 일부가 내부의 포배강 쪽으로 빨려 들어가기 시작해 긴 관 모양으로 뻗어 나간다. 이 시기의 배를 낭배(gastrula)라고 한다. 빨려 들어간 부분이 반대쪽 표면에 도착하면 그곳의 세포와 달라붙어 알 내부에 관 하나가 지나가게 된다. 이 관을 원장(archenteron)이라고 하며, 나중에 소화관이 된다. 처음 빨려 들어가며 생긴 구멍은 원구(primitive groove)라고 하며, 이곳은 나중에 항문이 되고 반대쪽은 입이 된다. 발생 극초기에 소화관이 형성되는 이유는 동물의 진화 과정에서 먹이를 먹고 소화하는 구조가 뇌나 신경계, 혈관, 근육 등보다 중요했기 때문이다.

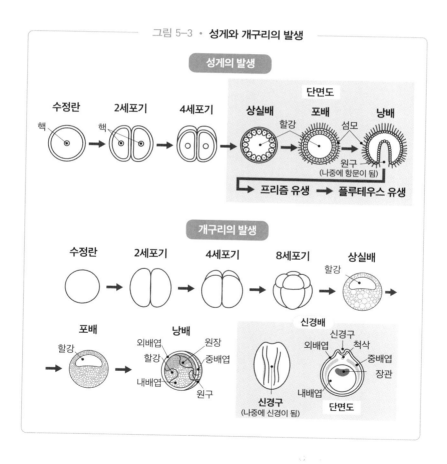

그림 5-3 · **성게와 개구리의 발생**

낭배가 생긴 뒤, 성게는 프리즘 유생(prism larva)이나 플루테우스 유생(pluteus larva)을 거쳐 마지막으로 뾰족뾰족한 성게가 된다. 우리 인간을 포함한 척추동물의 발생은 더욱 복잡한 과정을 거치는데, 지금부터 그 예로 개구리의 발생을 알아보자.

개구리의 배는 낭배 초기에 배 내부로 원장이 빨려 들어가기 시작하는 것은 성게와 같지만, 하반부인 식물극(vegetal pole)에 난황이 많이 들어 있어 식물극을 감싸듯 원장이 뻗어 나간다.

또한 포배까지는 배의 표면에 한 층의 세포만 있을 뿐인데, 낭배가 되면 원구가 배 속으로 들어가 배 표면의 외배엽(ectoderm), 안쪽의 내배엽(endoderm), 중간의 중배엽(mesoderm)이라는 세 개의 세포층으로 나뉜다. 세 개의 세포층에서 나중에 만들어질 기관이 결정되는데, 외배엽에서는 표피와 신경관이, 중배엽에서는 근육이나 뼈 등이, 내배엽에서는 소화기관이나 폐 등이 형성된다.

낭배가 생긴 뒤, 나중에 척추가 될 부분에 앞뒤로 긴 도랑이 생긴다. 이 도랑은 내부로 빨려 들어가 앞뒤로 긴 관이 되고 신경관이 생긴다. 신경관이 배 표면에서 만들어지는 현상으로 미루어 보아, 원시적인 동물은 원래 외부 자극을 몸속으로 전달하는 신경이 몸 표면에 있었고, 그것이 내부로 빨려 들어가면서 복잡한 신경계나 뇌로 진화했다고 상상할 수 있다.

5-4

심장은 심장 세포끼리, 간은 간세포끼리 모여 조직을 만드는 이유는?

−카드헤린 이야기

우리의 몸에는 수많은 기관이 있고, 각각 독자적인 역할을 맡고 있다. 심장과 간은 무엇이 다를까? 사실, 기관을 구성하는 세포의 종류는 각각 다르다. 심장 조직을 분해해 한 개의 세포로 만들어도 심장 세포는 스스로 계속 박동한다. 하지만 간세포는 심장 세포처럼 박동하지 않는다. 또한 심장과 간의 조직을 분해해 심장 세포와 간세포를 함께 배양해도 두 세포는 달라붙지 않는다. 대신 심장 세포끼리, 간세포끼리 달라붙어 조직을 만들려고 한다.

왜 심장 세포는 심장 세포에만 달라붙고 간세포에는 달라붙지 않을까? 그 이유는 심장 세포와 간세포 표면에 있는 카드헤린(Cadherin)이라는 단백질과 관계가 있다. 카드헤린은 1984년 일본 교토대학의 다케이치 마사토시(竹市雅俊, 1943~)가 발견한 세포 접착 단백질의 일종으로, 자세히 살펴보면 전부 100종 이상이 알려져 있으며 세포의 종류에 따라 카드헤린의 유형도 다르다. 심장 세포에는 심장 타입의 카드헤린이, 간세포에는 간 타입의 카드헤린이 있어서, 심장 타입끼리는 결합하지만 간 타입과는 결합하지 않는다.

카드헤린은 세포 표면에 일직선상으로 존재한다. 한 개의 카드헤린이 다른 세포의 같은 타입의 카드헤린과 결합하면 그 옆에 있는 카드헤린끼리도 결합해 마치 지퍼를 닫는 것처럼 두 개의 세포끼리 꽉 달라붙을 수 있다.

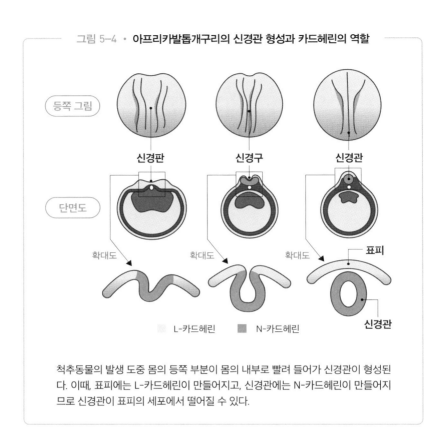

그림 5-4 · 아프리카발톱개구리의 신경관 형성과 카드헤린의 역할

등쪽 그림

신경판   신경구   신경관

단면도

확대도   확대도   확대도   표피

신경관

L-카드헤린   N-카드헤린

척추동물의 발생 도중 몸의 등쪽 부분이 몸의 내부로 빨려 들어가 신경관이 형성된다. 이때, 표피에는 L-카드헤린이 만들어지고, 신경관에는 N-카드헤린이 만들어지므로 신경관이 표피의 세포에서 떨어질 수 있다.

카드헤린은 동물의 발생에서도 중요한 역할을 하는데, 앞에서 이야기한 신경배의 신경관 형성에서 실력을 발휘한다. 먼저 배 표면에 있는 일부 세포의 E-카드헤린이 N-카드헤린으로 변하면서 표면에 있는 세포에서 떨어진다. 그러면 N-카드헤린을 지닌 세포끼리 달라붙어 앞뒤로 가늘고 긴 관을 만들며 신경관이 만들어진다.

5-5

 ## 세포의 운명은 어떻게 결정될까
–형성체의 정체

개구리는 수정란에서 발생이 시작해 포배 → 낭배 → 신경배로 진행하는 동안 배 각각의 부분에 있는 세포가 나중에 어떤 조직과 기관을 구성하는 세포로 분화할지 예정운명(presumptive fate)이 결정된다. 그럼 세포의 예정운명은 어떤 기간에 결정될까?

독일의 발생학자 발터 포크트(Walther Vogt, 1888~1941)는 국소생체염색법 (localized vital staining)이라는 방법을 이용해 도롱뇽의 초기 낭배 표면 세포가 나중에 무엇으로 분화하는지 조사했다. 국소생체염색법은 독성이 적은 색소를 한천 조각에 스며들게 한 뒤, 배 표면에 눌러 착색해 그 색이 묻은 부분이 나중에 무엇으로 분화하는지 추적하는 방법이다. 그러자 배 각각의 세포는 위치에 따라 나중에 신경이 되거나 표피가 되었다. 포크트는 이 결과를 토대로 도롱뇽의 초기 낭배의 예정배역도를 만들었다.

그럼 낭배 표면의 세포는 어느 시점에 예정운명이 결정될까? 독일의 발생학자 한스 슈페만(Hans Spemann, 1869~1941)은 이 의문에 답하기 위해 색이 다른 두 종류의 도롱뇽의 배에서 초기 낭배의 예정 신경역을 잘라내 예정 표피역으로 이식하는 실험을 했다. 그러자 예정 신경역의 이식편이 표피로 분화했다. 이와 반대로 예정 표피역을 예정 신경역으로 이식하자 신경계로 분화했다. 따라서 초기 낭배 상태에서는 아직 예정운명이 결정되지 않았다는 사실을 알 수 있다(그림 5–5 참조).

그런데 이 실험을 신경배에서 다시 해 보니, 세포의 예정운명이 이미 결정
돼 있어서 예정 표피역은 표피로, 예정 신경역은 신경으로 분화했다. 이 실험
을 통해 세포의 예정운명은 낭배 초기에 서서히 결정되며, 신경배 단계로 오
면 예정운명이 바뀌지 않는다는 사실을 알 수 있다.

그림 5-6을 보자. 슈페만은 실험을 계속 진행하던 중, 예정 척삭역에 있는
낭배의 원구 윗부분(원구배순(dorsal blastopore lip))을 같은 시기 다른 낭배의 배
쪽에 있는 예정 표피역에 이식했을 때, 그곳에 또 하나의 머리 부위(제2의 배)
가 만들어진 것을 발견했다. 원구배순이 척삭으로 분화하면서 주변에 있던
예정 표피역에도 작용해 신경관을 만들어 낸 것이다. 슈페만은 이 원구배순

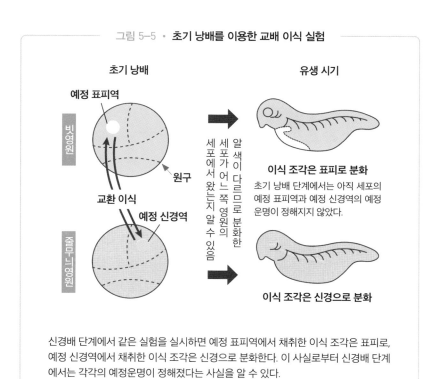

그림 5-5 · **초기 낭배를 이용한 교배 이식 실험**

초기 낭배   유생 시기

예정 표피역

빗영원

원구

교환 이식

예정 신경역

줄무늬영원

세포에서 왔는지 알 수 있음 / 세포가 어느 쪽 영원의 / 알색이 다르므로 분화한

이식 조각은 표피로 분화
초기 낭배 단계에서는 아직 세포의
예정 표피역과 예정 신경역의 예정
운명이 정해지지 않았다.

이식 조각은 신경으로 분화

신경배 단계에서 같은 실험을 실시하면 예정 표피역에서 채취한 이식 조각은 표피로,
예정 신경역에서 채취한 이식 조각은 신경으로 분화한다. 이 사실로부터 신경배 단계
에서는 각각의 예정운명이 정해졌다는 사실을 알 수 있다.

부를 형성체(organizer), 예정 표피역의 예정운명이 변화해 신경관을 만드는 현상을 유도(誘導)라고 이름 붙였다.

슈페만이 1924년에 발표한 형성체의 정체가 대체 무엇인지 밝히기 위해 전 세계의 수많은 발생학자들이 다양한 실험을 해 봤지만, 60년이 넘도록 정체 불명이었다. 1989년이 되어서야 겨우 액티빈(activin)이라는 펩타이드성 호르몬이 유도 현상을 일으키는 형성체임을 일본 요코하마시립대학의 아사시마 마코토(浅島誠, 1944~) 팀이 밝혀냈다.

액티빈은 원래 뇌하수체 전엽에서 분비되는 난포자극호르몬(FSH)의 분비를 촉진하는 물질로, 1986년 난포액에서 발견되었다. 아사시마 연구팀은 액티빈이 형성체임을 증명했을 뿐만 아니라, 액티빈의 농도를 조절해 근육이나 신경관 등 다양한 조직을 유도할 수 있다는 사실도 밝혔다.

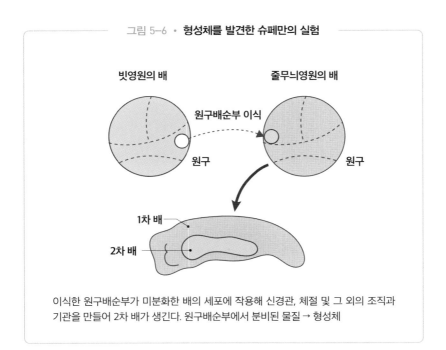

그림 5-6 · **형성체를 발견한 슈페만의 실험**

빗영원의 배   줄무늬영원의 배

원구배순부 이식

원구   원구

1차 배
2차 배

이식한 원구배순부가 미분화한 배의 세포에 작용해 신경관, 체절 및 그 외의 조직과 기관을 만들어 2차 배가 생긴다. 원구배순부에서 분비된 물질 → 형성체

앞과 뒤, 등과 배의 방향은 어떻게 결정될까

－전후축 · 등배축을 결정하는 유전자

　동물 대다수는 몸의 앞뒤 구조가 확실히 다르다. 몸의 앞부분에는 머리가 있고, 가운데에는 가슴이 있으며, 뒷부분에는 배가 있는 식이다. 또한 등쪽과 배쪽의 구조도 다르다.

　초파리는 발생학 연구에 큰 공헌을 했다. 초파리는 유전자와 DNA 항목에서도 소개했듯이 오래전부터 유전학 연구에 사용되어 왔는데, 초파리에 돌연변이가 일어나 몸의 어느 부분에 어떤 변이가 나타나는지 조사하면서 유전자와 신체 형성과의 관계가 밝혀졌다.

　곤충의 알은 영양분인 난황이 가운데에 있는 중황란(centrolecithal egg)이 대부분이라 알 표면에서만 난할이 진행돼(표할), 포배를 옆에서 보면 타원형으로 보인다. 개구리는 미수정란에 정자가 진입할 때 전후좌우가 결정되는데, 초파리는 어미의 몸속에서 알이 만들어지는 시점에 이미 몸의 전후좌우가 결정된다. 알 속에는 비코이드유전자(bicoid gene)의 mRNA가 축적돼 있는데, 이것은 배 앞쪽에 많이 있고, 뒤쪽으로 가면서 적어진다. 수정 후, 비코이드유전자의 mRNA는 단백질로 번역된다. 비코이드 단백질은 배 앞쪽에 많고 뒤쪽으로 갈수록 적어지는데, 이 차이가 몸의 전후축을 결정한다.

　비코이드유전자가 파괴되면 앞뒤가 뒤죽박죽 섞여, 몸의 양 끝이 모두 머리나 배인 개체가 생길 수 있다. 또한 등쪽 유전자(dorsal gene)가 파괴되면 등쪽과 배쪽 모두 등인 구조가 생겨 버린다. 이 유전자가 몸의 어느 부분에서 작용하는지 조사하면서 몸의 앞뒤나 등배가 어떤 원리로 결정되는지 밝혀졌다.

초파리 유충(구더기)은 몸에 마디가 있다. 유충의 마디는 같은 구조를 여러 번 반복해 형성된다.

비코이드 단백질은 분절형성유전자(segmentation gene)의 전사를 촉진하는데, 몇 종류나 되는 분절형성유전자 중 무엇이 전사를 촉진할지는 비코이드 단백질의 농도에 따라 결정된다.

또한 신체를 형성할 때 각 체절의 특성을 결정하는 유전자도 있다. 초파리의 머리 부분에는 눈이나 더듬이가 있고, 가슴에는 날개나 다리가 나지만, 배에는 다리가 생기지 않는다. 예를 들어 4-3에서 이미 설명했듯, 안테나페디아유전자(Antennapedia gene)가 파괴되면 머리에서 더듬이 대신 다리가 자란다. 이처럼 신체 일부가 다른 위치와 바뀌는 현상을 호메오시스(homeosis)라고 한다.

호메오시스를 일으키는 유전자를 호메오틱 선택유전자(homeotic selector gene)라고 한다. 비슷한 유전자의 염기서열을 조사해 보니, 180개의 매우 비슷한 염기쌍이 발견되었다. 이 부분을 호메오박스(homeobox)라 하고, 이 부분을 지닌 유전자는 호메오박스 유전자라고 한다. 호메오박스 유전자에서 만드는 호메오박스 단백질은 DNA와 결합해 마디의 고유 구조를 만드는 유전자를 활성화하는 역할을 한다. 호메오박스 유전자가 정상적으로 작동하면 머리 부분의 마디에서는 더듬이가, 가슴 부분의 마디에서는 다리가 자라난다.

5-7

 체절 구조를 만드는 유전자
－초파리와 사람에 모두 있는 체절구조형성유전자

우리 인간의 몸은 겉에서 보면 곤충처럼 체절이 여러 개 연결돼 이루어져 있다고 느껴지지 않는다. 하지만 몸속 구조, 특히 척추를 보면 거의 같은 형태의 뼈가 일렬로 늘어선 반복 구조라는 사실을 알 수 있다. 즉, 사람의 몸도 곤충과 같은 체절 구조로 이루어져 있다.

앞에서 설명한 호메오박스 유전자가 사람을 포함한 척추동물에도 있다는 사실이 밝혀지면서, 초파리 연구는 초파리를 뛰어넘어 우리 인간의 신체 형성 과정을 이해하는 데에도 중요한 역할을 한다는 사실이 밝혀졌다.

대표적인 호메오박스 유전자에 혹스 유전자(HOX gene)가 있다. 혹스 유전자는 몸의 전후축에 맞춰 몸의 각 기관이 정확한 위치에 형성되는 데 관여하는 유전자군으로, 동물 대부분이 Hox 1 ~ Hox 13까지 있으며, 같은 염색체상에 나열되어 있다. 몸이 만들어질 때 Hox 1은 머리, Hox 6은 중앙, Hox 13은 꼬리 등으로 염색체상에 유전자가 나열하는 순서에 작용한다. 사람의 혹스 유전자는 유전자중복으로 인해 4개의 염색체에 각각 있으며, Hox A ~ Hox D라고 한다.

포유류의 혹스 유전자에 돌연변이가 일어나면 어떤 이상이 발생할까? 흰쥐를 사용해 실험해 본 결과, 늑골이 전혀 만들어지지 않거나 척추 뒤쪽에서도 늑골이 나오는 개체가 나타났다. 사람은 Hox 13 유전자에 돌연변이가 일어나 손가락 수가 많거나 손가락끼리 달라붙는 사례를 발견할 수 있다.

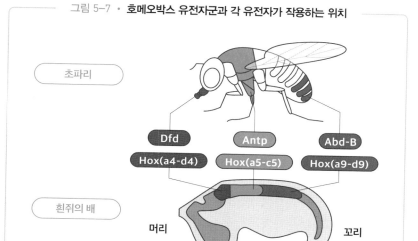

그림 5-7 · 호메오박스 유전자군과 각 유전자가 작용하는 위치

초파리

Dfd   Antp   Abd-B
Hox(a4-d4)   Hox(a5-c5)   Hox(a9-d9)

흰쥐의 배

머리   꼬리

초파리의 호메오박스 유전자에 해당하는 유전자가 흰쥐에도 있다. 초파리의 머리
에서 활동하는 Dfd 유전자는 흰쥐의 Hox(a4-d4)의 4개 유전자와 상응한다. 마찬
가지로 Antp(안테나페디아 유전자)는 Hox(a5-c5)의 3개의 유전자, abd-B 유전자
는 Hox(a9-d9)의 4개 유전자에 해당한다. 이들 유전자는 같은 염색체의 가까운 위
치에 나열되어 있고, 왼쪽 유전자부터 순서대로 각각 머리, 가슴, 배에 작용한다.

5-8

팔다리는 어떻게 만들어질까
–사지싹의 세포는 어떻게 자기 위치를 알까

우리의 팔다리는 어떤 원리로 만들어질까? 손과 발의 기원은 몸 측면에 돌출된 사지싹(limb bud)이라는 단순한 구조에서 시작된다. 사지싹이 점점 길게 뻗어 가면서 내부에 뼈나 근육, 신경이 형성된다. 사지싹의 끝에는 꼭대기 외배엽능선(AER, apical ectodermal ridge)이라는 부분이 있다. 사지싹이 뻗어 감에 따라 AER은 FGF라는 분비 단백질을 분비해 AER 바로 아래 분열이 활발한 부분인 진행대(progress zone)에 있는 세포에 자신의 위치를 알린다. 자신의 위치를 알린 세포는 그 위치에 알맞은 호메오박스 유전자를 작동시켜 팔다리 구조가 뿌리에서 끝부분으로 점점 완성된다.

손에는 손등과 손바닥, 그리고 엄지와 새끼손가락이 있다. 이런 손의 방향은 어떻게 형성될까? 사지싹 뒷부분에 있는 극성화활성대(ZPA, zone of polarizing activity)에서 손바닥의 엄지손가락에서 새끼손가락 쪽으로 방향을 결정한다. ZPA를 다른 개체 사지싹의 앞쪽 끝부분에 이식하면, 본래 손의 구조와는 달리 마치 거울을 비춘 것처럼 대칭 형태로 손이 만들어진다. 또한 ZPA에서는 소닉헤지호그 유전자(SHH, Sonic hedgehog)에서 생성된 SHH 단백질이 분비돼, 주위 세포에 농도기울기(concentration gradient)를 만든다. 이것이 각각의 세포 위치를 알리는 정보가 되어 손바닥의 방향성이 결정되고, 손가락뼈나 근육 등의 미세한 구조가 만들어진다.

손가락은 5개인데, 처음부터 5개가 뻗어 나오지는 않는다. 처음에는 부채

처럼 손가락과 손가락 사이에 틈이 없는 뭉툭한 모양으로 만들어진다. 원래
는 손가락과 손가락 사이에 세포가 있지만, 이 세포는 발생 도중에 자살해 그
부분이 제거되며 틈이 된다. 이처럼 적극적으로 세포 자살을 유도하는 현상
을 아포토시스(apoptosis, 예정세포사)라고 한다.

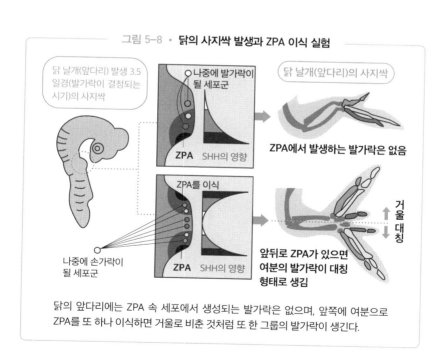

그림 5-8 · **닭의 사지싹 발생과 ZPA 이식 실험**

닭의 앞다리에는 ZPA 속 세포에서 생성되는 발가락은 없으며, 앞쪽에 여분으로
ZPA를 또 하나 이식하면 거울로 비춘 것처럼 또 한 그룹의 발가락이 생긴다.

5-9

 ## 복제 양 '돌리'의 탄생과 복제 인간
-체세포 복제 방법

5-2에서도 설명했지만, 1986년 영국의 발생학자 존 거던은 아프리카발톱 개구리 올챙이의 수정란에 자외선을 쪼여 핵의 DNA를 파괴한 다음 올챙이 소장 상피세포의 핵을 이식하면 올챙이까지 성장한다는 사실을 증명했다. 상피세포처럼 몸속에서 분화한 세포를 체세포라고 하고, 부모와 완전히 똑같은 유전정보를 지닌 개체를 클론(clone)이라고 하므로, 이 실험에서는 개구리의 체세포 클론을 만들었다고 할 수 있다.

체세포의 핵이 수정란과 완전히 똑같은 유전정보를 지녔다는 사실을 증명한 실험을 계기로 수많은 연구자가 포유류로 체세포 클론을 만들기 위한 실험을 시작했다.

1996년 마침내 세계 최초의 체세포 복제 동물인 양 돌리(Dolly)가 탄생했다. 영국의 로슬린연구소는 사전에 핵을 제거해 둔 수정란에 복제하고자 하는 양의 젖샘 세포 핵을 이식한 다음 화학 처리해 발생을 유도했다. 그 후 다른 양의 자궁에 넣어 출산하게 함으로써 돌리가 탄생했다.

돌리가 지닌 모든 유전정보(게놈)는 복제 대상 양과 완전히 똑같았다. 좀 더 단순하게 말하면, 체세포 클론은 태어난 시기에 차이가 있는 일란성쌍둥이라고 할 수 있다. 체세포를 이용해 복제 양을 만드는 데 성공하자, 같은 기술을 이용한 복제 소나 복제 흰쥐 등이 차례차례 탄생했다. 분화한 체세포의 핵을 사용해 다양한 방법으로 세포의 전능성을 되돌릴 수 있다면, 지금까지 불

5
ㅣ
9

복
제
양
'
돌
리
'
의
탄
생
과
복
제
인
간

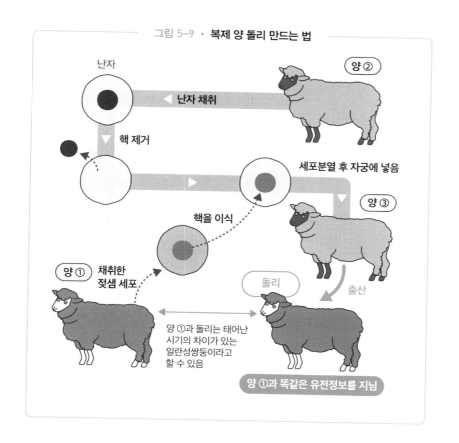

그림 5-9 · **복제 양 돌리 만드는 법**

난자

양 ②

◀ 난자 채취

핵 제거

세포분열 후 자궁에 넣음

양 ③

핵을 이식

양 ① 채취한
젖샘 세포

돌리

출산

양 ①과 돌리는 태어난
시기의 차이가 있는
일란성쌍둥이라고
할 수 있음

양 ①과 똑같은 유전정보를 지님

가능하다고 여겼던 일이 가능해진다. 서유기를 읽다 보면 손오공이 '분신술'
을 사용해 자신과 완전히 똑같은 개체를 만들어 적과 싸우는 장면이 나오는
데, 현실의 인간도 분신을 만들 수 있다는 이야기다.

2018년 1월, 중국의 한 과학자가 복제 원숭이를 만드는 데 성공했다고 발
표했다. 복제 인간은 아직 기술적으로 불가능하다고 생각하는 발생학자가 많
았던 만큼, 사람과 가까운 게잡이원숭이의 체세포 복제가 성공했다는 뉴스는
전 세계에 큰 충격을 주었다. 연구팀은 게잡이원숭이 체세포의 핵을 다른 원

숭이의 난자에 이식해 원숭이 21마리의 자궁에 주입했는데, 6마리가 임신해 2마리가 태어났다고 한다. 아직 성공률은 낮지만, 복제 인간을 만드는 기술이 일보 전진했다는 증거이므로 복제 인간의 탄생이 현실감을 띠게 되었다고 이야기할 수 있다.

그러나 복제 인간은 생명윤리적으로 거부감이 크다. 사람의 체세포 클론을 만들려면 원래 정상적으로 발생이 진행해 한 사람이 되어야 할 수정란을 파괴하게 된다. 이런 이유로 다양한 종교 단체에서 반발의 목소리가 커지고 있다. 또한 복제 인간의 사회적 지위에 대한 문제도 있다. 현재 많은 선진국에서는 복제 인간 만들기를 금지하고 있다. 하지만 금지하지 않는 나라에서 몰래 복제 인간을 만들고 있는 것이 아니냐는 지적도 있다.

iPS세포의 탄생
체세포에 인공적으로 유전자를 주입한다는 폭력성

체세포 복제의 사회적 문제가 크게 보도될 무렵, ES세포 문제가 대두했다. **ES세포는 배아줄기세포**(embryonic stem cells)**의 약자**다. 수정란이 발생을 시작한 극초기의 ES세포(할구)는 다능성이 있으므로, 초기 배를 파괴해 ES세포를 취득하여 그 세포를 배양한 뒤, 다양한 화학약품을 투여해 목적하는 세포까지 분화시킨다. 그러나 ES세포는 수정란이나 초기 배를 파괴한다는 문제가 있어 생명윤리에 반하는 등 연구하는 데 여러 가지 제약이 있었다.

2006년 일본 교토대학의 야마나카 신야 연구팀은 **유도만능줄기세포**(iPS, induced pluripotent stem cells)를 만드는 데 성공했다. 흰쥐의 피부에서 채취한 섬유아세포에 4개의 유전자를 주입하기만 했는데, 다능성을 획득한 **iPS세포**가 생겼다. iPS세포가 생겼으므로 수정란을 파괴해 만드는 ES세포는 더 이상 필요하지 않게 되었다.

이 당시, 복제 양 돌리는 분화한 젖샘 세포의 핵에 화학처리를 하여 전능성을 회복했으므로 많은 연구자가 이를 따라 다양한 화학물질을 사용해 세포를 초기화하는 데 몰두했다. 체세포가 지닌 모든 유전정보는 수정란과 같다는 상식을 토대로 체세포에 새로운 유전자를 넣는다는 발상은 성공할 수 없다고 여겼다. 야마나카 팀은 이러한 당시의 상식을 뒤집고 iPS세포를 만드는 데 성공했다.

야마나카 팀이 만드는 데 성공한 iPS세포는 복제동물이나 ES세포가 지닌 생명윤리적인 문제에서 연구자를 해방하는 계기가 되었다. 현재 재생의료와 약리학 분야에서는 iPS세포를 응용할 수 있으리라 기대한다. 특히 질병이나 사고 등으로 잃은 기관이나 조직을 iPS세포에서 분화해 다시 만들어 이식해 기능을 회복하는 '재생의료' 분야는 전 세계에서 주목하고 있다. 그러나 iPS 세포에서 분화한 세포가 몸속에서 암이 되거나 이식한 부분에 정착하지 못해 정상적인 활동을 하지 못하는 등, 앞으로 해결해야 할 다양한 문제가 있다.

근육위축증(muscular dystrophy)와 같은 유전질환을 앓고 있는 환자에서 채취한 세포를 사용해 어떤 약이 효과가 있는지 시험하는 등의 약리학 분야에도 응용할 수 있지 않을까 기대하고 있다. iPS세포의 연구는 앞으로도 더욱 발전하리라 예상하는데, 난치병으로 고통받는 수많은 환자를 한시라도 빨리 구할 수 있도록 상용화하는 날이 오기를 고대한다.

제**6**장

생명 유지의 원리 :
대사·발효·광합성

대사란 무엇일까
−체내의 물질대사와 에너지대사

생물이 살아 있다는 말은 과연 무슨 뜻일까? 씨앗처럼 휴면 중인 것을 제외하면, ① 몸이 성장해 커지고, ② 새끼를 낳거나 번식해 그 수를 늘리며, ③ 늘 운동이나 대사 등의 활동을 하고, ④ 다양한 물질을 합성하거나 분해하는 것이 떠오른다.

생물이 지닌 다양한 특징 중에서도 생명이 지닌 생생함은 '언제나 물질을 변화시키는 활동을 하는' 데서 온다고 볼 수 있다. 이와 같은 활동을 대사라고 하는데, 생물이 외부에서 받아들인 물질을 원료로 새로운 물질을 합성하거나 분해해 다른 물질로 바꾸는 과정을 말한다.

생물이 물질을 합성·분해하는 과정을 물질대사라고 하는데, 물질대사에는 에너지 흐름이 함께한다. 당이나 단백질 등의 복잡한 유기화합물을 합성하려면 에너지가 필요하고, 분해하면 에너지가 발생한다. 이처럼 같은 대사라도 물질보다 에너지를 강하게 주목할 때에는 에너지대사라는 용어를 사용한다.

물질대사에는 몇 가지 물질을 조합해 하나의 물질로 합성하는 동화작용과 하나의 물질을 분해해 여러 물질로 바꾸는 이화작용이 있다.

동화작용의 대표적 예로는 광합성이 있다. 광합성은 탄소동화작용이라고도 하는데, 식물이 빛에너지를 이용해 이산화탄소와 물을 원료로 포도당 등의 탄수화물을 합성하고 산소를 발생하는 과정이다(광합성에 대해서는 뒤에서 자세히 설명하겠다).

그 외에도 핵산이나 아미노산, 단백질 등의 합성이 동화작용에 들어간다. 이 물질들을 합성하려면 에너지가 필요하므로, 생물은 에너지를 ATP(아데노신3인산)라는 물질로 저장해 두었다가 필요할 때 꺼내서 분해하여 이때 얻는 에너지를 사용한다.

이화작용의 대표적인 예로는 산소호흡과 발효, 부패 등이 있다. 산소호흡이나 발효에 대해서는 뒤에서 자세히 이야기하겠다.

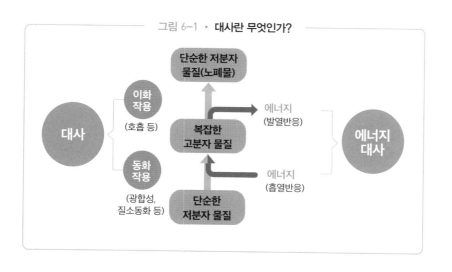

그림 6-1 · **대사란 무엇인가?**

6-2

효소란 무엇일까
–효소를 생체촉매라고 하는 이유?

생물의 도움 없이 종이를 이산화탄소와 물로 분해하려면 종이를 태워야 한다. 종이에 불을 붙이면 종이의 온도가 수백 ℃까지 오르며, 그 속에 들어 있

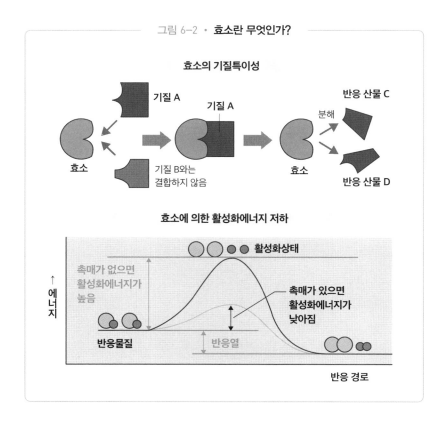

그림 6-2 · **효소란 무엇인가?**

효소의 기질특이성

기질 A

기질 A

반응 산물 C

효소

기질 B와는
결합하지 않음

분해

효소

반응 산물 D

효소에 의한 활성화에너지 저하

↑
에
너
지

활성화상태

촉매가 없으면
활성화에너지가
높음

촉매가 있으면
**활성화에너지가
낮아짐**

반응물질

반응열

반응 경로

는 셀룰로스 등의 탄수화물이 분해된다. 그러나 몸속에서 같은 식으로 셀룰로스를 분해할 때는 아무리 해도 온도를 수백 ℃까지 올릴 수 없다. 화학반응을 일으킬 때 필요한 최소한의 에너지를 활성화에너지(activation energy)라고 한다.

몸속에서는 활성화에너지를 낮춰 체온인 36℃ 전후의 온도에서 화학반응을 일으켜야 한다. 이때 활성화에너지를 낮추는 작용을 하는 것이 효소(enzyme)다. 효소는 대부분 본체가 단백질로 이루어져 있으며, 생물의 몸속에는 실로 다양한 종류의 효소가 들어 있다. 효소는 결합하는 물질인 기질(substrate)의 종류가 엄격하게 정해져 있어(기질특이성, substrate specificity) 특정 화학반응의 활성화에너지를 낮춘다.

이처럼 화학반응의 활성화에너지를 낮춰 반응이 일어나기 쉽게 하지만 자기 자신은 변화하지 않는 물질을 촉매라고 한다. 효소는 촉매의 성질을 지니고 몸속에서 화학반응을 이끌어 내므로 생체촉매라고도 한다.

6-3

호흡에는 두 가지 통로가 있다?
- 외호흡과 내호흡의 차이

우리는 호흡이라고 하면 공기를 들이마셔 폐로 보내고 폐에서 공기를 내보내는 과정, 즉 '숨을 들이쉬고 내쉬는' 모습을 떠올린다. 생명과학에서는 이 과정을 외호흡이라고 하며, 여기서 소개할 내호흡과는 구별해 사용한다. 내호흡은 세포가 하는 호흡(세포호흡이라고도 한다)을 가리키며, 세포 밖에서 거두어들인 영양분(당 등)을 세포 내에서 산화하여 생명 활동에 필요한 에너지를 만들어 내고 이산화탄소와 물을 내보내는 호흡을 말한다.

내호흡(세포호흡)은 포도당 등의 탄수화물을 분해해 피루브산으로 만드는 해당과정(glycolysis), 산소를 이용해 피루브산을 최종 단계인 이산화탄소와 물로 분해하는 TCA회로(tricarboxylic acid cycle), 여기에 딸린 전자전달계(electron transport system)라는 과정으로 나뉜다.

먼저 해당과정에 대해 알아보자. 해당과정은 높은 에너지를 가진 포도당을 생물이 사용하기 쉬운 물질로 바꾸는 과정이다. 해당과정을 통해 포도당은 다양한 물질로 바뀌는데, 대부분 이름이 길어 해당과정을 처음 접하는 사람에게 높은 장벽이 된다. 그럼, 해당과정을 공부할 때 도움을 주는 중요 포인트를 정리해 보자.

포도당을 시작으로 해당과정을 통해 만들어지는 물질에 든 탄소 원자의 수가 어떻게 바뀌는지가 중요하다. 포도당에는 탄소 원자가 6개 들어 있는데, 최종적으로 생긴 피루브산은 탄소 원자가 3개다. 즉, 1분자의 포도당을 분해

6
|
3

호흡에는 두 가지 통로가 있다 ?

해서 2분자의 피루브산을 만드는 것이다.

이때, 생물은 포도당 분자를 단순히 쪼개기만 하는 것이 아니라 일단 높은 에너지를 지닌 인산을 포도당과 결합한다. 그리고 반응성이 높아졌을 때, 2개의 분자로 분해하고 다시 몇 가지 과정을 거쳐 피루브산으로 바꾼다. 해당과정의 반응은 세포의 세포질(cytoplasmic matrix)에서 이루어지며, 산소가 없어도 일어난다.

격렬한 운동 뒤, 근육을 주물러 풀어 주지 않으면 단단하게 굳을 때가 있다. 해당과정에서 얻은 ATP를 사용해 근육이 수축을 반복할 때 생성된 피루브산이 산소가 없으면 젖산으로 환원돼 근육 속에 저장되기 때문에 발생하는 현상이다.

피루브산이 계속 분해돼 마지막으로 이산화탄소와 물이 되려면, 피루브산

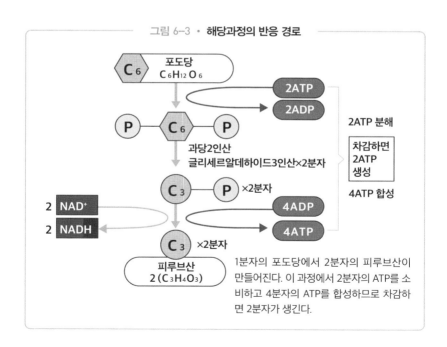

그림 6-3 · **해당과정의 반응 경로**

포도당
$C_6H_{12}O_6$

C 6

2ATP
2ADP

P   C 6   P

2ATP 분해

과당2인산
글리세르알데하이드3인산×2분자

차감하면
2ATP
생성

C 3   P ×2분자

4ATP 합성

2 NAD⁺
2 NADH

4ADP
4ATP

C 3 ×2분자

피루브산
2 ($C_3H_4O_3$)

1분자의 포도당에서 2분자의 피루브산이 만들어진다. 이 과정에서 2분자의 ATP를 소비하고 4분자의 ATP를 합성하므로 차감하면 2분자가 생긴다.

이 TCA회로로 들어가야 한다.

그럼 해당과정에 이어 TCA회로에 대해 알아보자. TCA회로는 반응을 통해 만들어진 대표적인 물질이 시트르산이라 시트르산회로라고도 하며, 발견자인 한스 크렙스(Hans Krebs, 1900~1981)의 이름을 따 크렙스회로(Krebs cycle)라고도 한다. TCA회로는 보통의 직선형 반응 경로와는 달리 마지막에 생성된 옥살아세트산(oxaloacetic acid)이 처음 결합했던 아세틸 CoA와 다시 결합해 이 반응계를 여러 차례 도는 특징이 있다.

TCA회로는 피루브산이 조효소A(CoA)와 결합해 생긴 아세틸 CoA가 옥살아세트산과 결합하면서 시작한다. 여기서도 해당과정 때와 마찬가지로 생성된

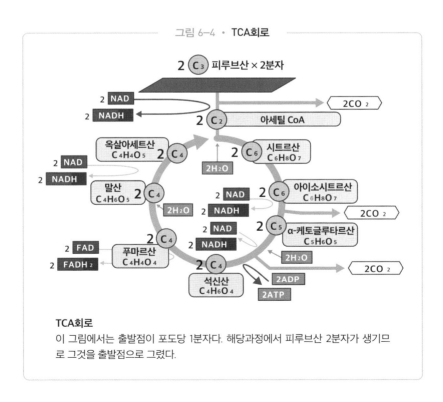

그림 6-4 · TCA회로

TCA회로
이 그림에서는 출발점이 포도당 1분자다. 해당과정에서 피루브산 2분자가 생기므로 그것을 출발점으로 그렸다.

화합물의 탄소 원자 수를 주목하면 더 이해하기 쉽다.

피루브산은 탄소 원자의 수가 3개이며, 여기서 이산화탄소가 1분자 떨어진 아세틸 CoA는 탄소 원자의 수가 2개다. 이 아세틸 CoA와 탄소 원자 수 4개인 옥살아세트산이 결합해 탄소 원자 수 6개인 시트르산이 합성된다. 시트르산에서 다른 물질로 변화할 때 그림 6-4처럼 탄소 원자 수가 6 → 5 → 4로 줄어들며, 이때 이산화탄소와 함께 NAD^+나 FAD가 수소와 결합한 NADH나 $FADH_2$가 발생한다. 이 물질은 전자전달계로 운반돼 ATP 합성에 이용된다.

TCA회로와 전자전달계는 모두 미토콘드리아 속에 있으며, 산소를 사용하

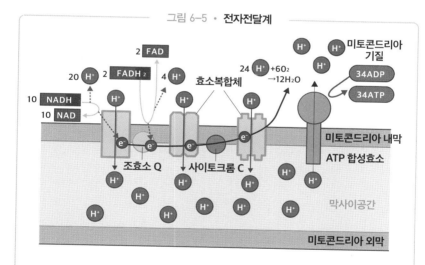

그림 6-5 · **전자전달계**

호흡의 전자전달계는 미토콘드리아 내막에 있는 효소나 조효소로 구성된다. 해당과정과 TCA회로에서 발생한 수소는 NADH와 $FADH_2$에 의해 미토콘드리아 내막으로 운반돼 수소이온(H^+)과 전자(e^-)로 나뉜다. 전자가 전달될 때는 미토콘드리아 기질에서 내막과 외막 사이의 빈 공간으로 H^+가 운반된다. 그 결과 내막을 사이에 두고 H^+의 농도 기울기가 생긴다. ATP 합성효소는 H^+가 미토콘드리아 기질 쪽에 흘러 들어가는 H^+ 유입 에너지를 이용해 ADP에서 ATP를 합성한다.

는 산화반응이 일어난다.

해당과정과 TCA회로를 비교하면 합성된 ATP 분자 수에 큰 차이가 있다. 해당과정에서는 포도당 1분자에 인산을 결합하기 위해 ATP 2분자를 사용하고 4분자의 ATP가 만들어지므로 결과적으로 2분자의 ATP만 합성된다. 반면, TCA회로와 전자전달계에서 합성되는 ATP는 합계 34분자나 되므로, 놀랍게도 해당과정보다 17배나 효율이 높다. 진화의 과정을 통해 산소호흡을 하게 된 생물은 TCA회로를 이용하므로, 산소호흡을 하지 않는 생물보다 훨씬 활발한 생명 활동을 영위할 수 있게 되었다.

6-4

발효란 무엇일까
－산소를 사용하지 않는 이화작용

발효식품이라는 말은 누구나 들어 봤을 것이다. 한국에서는 옛날부터 된장이나 간장, 청국장 등 수많은 발효식품을 만들어 왔다. 그럼 생물학적으로 봤을 때 발효는 어떤 화학반응을 가리킬까?

발효는 좁은 의미로 미생물이 산소가 없는 상태(혐기적 조건이라고 한다)에서 당 등의 유기물을 분해해 알코올이나 젖산, 이산화탄소 등을 만드는 과정을 말한다. 해당과정과 매우 비슷한데, 특히 미생물을 통한 젖산발효는 포도당에서 피루브산이 만들어지는 부분까지는 해당과정과 같다. 다만 산소가 없는 상태에서 젖산으로 변한다.

산소를 사용해 유기물을 산화하는 아세트산발효 등도 넓은 의미의 발효에 포함하기도 한다.

알코올발효(alcohol fermentation)는 효모 등에 의해 이루어지며, 포도당을 에탄올과 이산화탄소로 분해해 ATP를 합성하는 대사 과정이다. 알코올발효에서는 먼저 해당과정을 통해 포도당 1분자에서 피루브산 2분자가 생긴다. 이과정에서 4분자의 ATP가 합성되고 2분자의 ATP가 소비되므로 더하고 빼면 2분자의 ATP가 만들어진다. 피루브산에서 이산화탄소를 얻으면 아세트알데하이드가 발생하고, 이것이 환원돼 에탄올이 생긴다.

발효는 미생물이 생활 활동을 위한 에너지를 얻기 위해 ATP를 합성하는 반응이므로, 미생물 입장에서 봤을 때 발효를 통해 생긴 알코올이나 젖산 등의

생명 유지의 원리 : 대사·발효·광합성

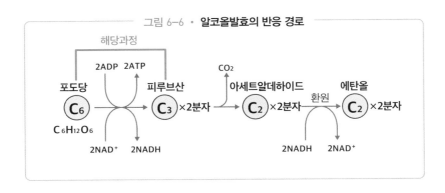

그림 6-6 · **알코올발효의 반응 경로**

해당과정

포도당
C_6
$C_6H_{12}O_6$

2ADP 2ATP

피루브산
C_3 ×2분자

2NAD$^+$ 2NADH

CO_2

아세트알데하이드
C_2 ×2분자

환원

에탄올
C_2 ×2분자

2NADH 2NAD$^+$

물질은 부산물이라 할 수 있다. 그러나 미생물을 이용하는 인간의 관점으로는 바로 이 부산물이야말로 발효식품으로서 쓸모 있는 것이다.

발효식품에는 막걸리와 맥주, 전통주나 와인 등의 술 외에도 된장이나 간장, 식초 등의 조미료와 치즈나 요구르트 같은 유제품, 김치나 빵 등 수많은 종류가 있다. 찾아보면 생각보다 훨씬 많은 식품이 발효식품에 해당한다는 사실을 알 수 있다.

6-5

매오징어는 어떻게 빛날까

-생물 발광의 원리

세상에는 다양한 종류의 빛을 내는 생물이 있다. 반딧불이나 매오징어 (*Watasenia scintillans*)의 발광은 매우 유명하며, 그 외에도 발광버섯, 바다반딧 불이(*Cypridina hilgendorfi*), 평면해파리(*Aequorea victoria*)나 심해어 등 실로 다양한 생물들이 빛을 낸다.

이 생물들은 어떤 원리로 빛을 낼까? 생물의 발광은 루시페린(luciferin)이라 는 유기물과 이를 산화하는 루시페레이스(luciferase)라는 효소의 작용으로 일 어난다. 루시페린은 한 종류가 아니다. 반딧불이에는 반딧불이 루시페린, 바 다반딧불이에는 바다반딧불이 루시페린이라는 각각의 물질이 사용된다. 게 다가 루시페레이스에는 기질특이성이 있어서, 반딧불이 루시페린은 반딧불 이 루시페레이스로만 분해되고, 다른 생물의 루시페레이스로는 분해되지 않 는다.

한편, 루시페린-루시페레이스와 전혀 다른 방식으로 빛을 내는 생물도 있 다. 평면해파리는 몸속에 들어 있는 녹색형광단백질(GFP: Green fluorescent protein) 자체에서 빛이 난다. 평면해파리의 몸속에는 GFP 외에도 에쿼린 (aequorin)이라는 단백질이 있는데, GFP와 결합해 복합체를 만든다.

에쿼린은 세포의 칼슘 이온을 감지해 파란색으로 빛나는데, 그 빛이 GFP 에 전달되면 GFP가 형광 녹색으로 빛난다. GFP는 구조 안에 빛을 내는 발색 단(chromophore)을 지니며 발광할 때 산소가 필요하지 않아서, GFP 유전자를 다양한 생물의 유전자와 조합해 빛나는 생물을 만들 수 있다. 특정 유전자와 GFP 유전자를 조합해 그 유전자가 작용하는 부분만 빛나게 만드는 것이다.

이렇게 GFP를 조합한 세포나 생물(흰쥐나 물고기 등 다양한 생물에 이용하고 있다)은 생물학이나 의학에 막대한 공헌을 했다. 그 공로를 인정받아 평면 해파리의 발광 원리를 밝혀낸 일본의 해양생물학자 시모무라 오사무(下村脩, 1928~2018)는 2008년 노벨화학상을 받았다.

매 오징어는 어떻게 빛날까

6-6

식물은 어떻게 영양분을 얻을까
－광합성의 원리

식물의 잎이나 줄기는 어떻게 녹색을 띨까? 바로 식물의 광합성과 관계가 있다. 식물의 잎이나 줄기 속 세포에는 엽록체라는 세포소기관이 있는데, 그 안에 들어 있는 엽록소(chlorophyll)라는 색소가 빨간색이나 파란색 빛을 흡수하고 녹색 빛은 반사한다. 그래서 잎이나 줄기가 녹색으로 보이는 것이다.

그럼 광합성의 원리에 대해 알아보자. 광합성은 녹색식물이 공기 속에서 흡수한 이산화탄소와 뿌리에서 빨아올린 물을 원료로 빛에너지를 이용해 포도당이나 녹말 등의 영양분을 만드는 동시에, 불필요한 산소를 공기 속으로 내뱉는 작용이다.

식물의 잎에 빛이 닿으면 엽록소나 카로티노이드(carotenoid), 피코빌린(phycobilin) 같은 광합성색소가 빛에너지를 흡수한다. 이 색소들은 잔뜩 모여 단백질과 결합해 빛을 포착하는 안테나 역할을 한다. 광합성색소가 빛에너지를 받으면 색소가 들뜬상태(excited state, 에너지를 지닌 상태)가 되며 옆 색소로 에너지를 넘긴다. 이 과정을 차례차례 반복하며 에너지가 색소 사이에서 전달된다.

그동안 에너지는 반응중심(reaction center)이라는 엽록소a에 모여 화학반응이 일어난다. 반응중심은 광계Ⅰ과 광계Ⅱ의 두 종류가 있다. 뿌리에서 빨아올린 물(H_2O)은 반응중심에서 분해돼 수소와 산소가 되는데, 산소는 2원자가 결합해 분자 상태의 산소(O_2)가 되어 기공을 통해 공기 속으로 방출된다.

이때 방출된 수소와 전자는 몇 개의 물질 사이를 건너 광계Ⅱ에서 광계Ⅰ로 이동한다. 마지막으로 수소는 NADP라는 물질로 인계돼 NADPH라는 물질이 된다. 또한 전자전달계에서는 ATP도 합성한다.

이렇게 만들어진 NADPH와 ATP를 에너지원으로 이산화탄소(CO_2)를 받아들여 포도당이나 녹말 등의 탄수화물을 합성한다. 이때의 반응계를 발견자의 이름을 따서 캘빈회로(Calvin cycle) 또는 캘빈-벤슨회로(Calvin-Benson cycle)라고

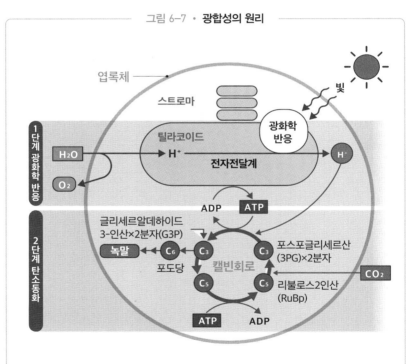

그림 6-7 · **광합성의 원리**

광합성의 1단계는 빛에너지를 통한 광화학반응으로 엽록체의 틸라코이드막에서 일어난다. 2단계는 스트로마에 들어 있는 효소를 통해 일어나는 탄소동화다. 캘빈회로라고 하며, 1단계에서 만들어진 ATP와 NADPH를 이용해 이산화탄소가 당으로 바뀐다.

한다.

캘빈회로에서는 루비스코(RuBisCO)라는 효소가 탄소를 5개 함유한 RuBP(리불로스2인산)라는 물질과 이산화탄소를 결합해 탄소를 3개 함유한 포스포글리세르산(phosphoglycerate, 3PG)이라는 물질을 2개 만든다. 즉 탄소 수로 보면 5 + 1 = 3 × 2라 할 수 있다.

3PG는 글리세르알데하이드3인산(G3P, glyceraldehyde 3-phosphate)이라는 트리오스인산(triosephosphate, 3탄당인산)으로 변해 일부가 포도당이나 녹말을 합성할 때 사용된다. 남은 트리오스인산은 다시 RuBP가 되어 이산화탄소를 달라붙게 하는 반응에 사용된다. 이렇게 같은 물질이 반응계를 빙글빙글 도는 것처럼 보여서 회로라고 한다.

6-7

공기 속 질소를 체내로
수용하는 원리
−질소고정 이야기

광합성을 하려면 공기 속에 들어 있는 이산화탄소와 뿌리에서 빨아올린 물이 필요하다. 이산화탄소와 물에는 수소, 탄소, 산소라는 세 종류의 원소가 들어 있다. 그런데 아미노산이나 단백질을 합성하려면 세 원소 이외에도 질소가 필요하다.

공기 속에는 질소가 78.1% 들어 있다. 그런데 왜 우리는 기체 상태의 질소를 이용해 아미노산이나 단백질을 직접 합성할 수 없을까?

공기에 들어 있는 기체 상태의 질소는 화학적으로 매우 안정적이라 다른 물질과 화학반응이 거의 일어나지 않는다. 안정적인 성질의 공기 속 질소를 유기물 속으로 수용하려면 미생물이 일으키는 질소고정(nitrogen fixation)이라는 특별한 작용이 필요하다.

고구마나 콩과 식물(자운영이나 풋콩 등)은 비료가 적고 마른 땅에서도 잘 자란다. 이들 식물의 뿌리에는 뿌리혹박테리아(leguminous bacteria)라는 특수한 세균이 공생하는데, 공기 속 질소를 유기물 속에 고정한다. 숙주인 식물은 뿌리혹박테리아에게 질소화합물을 받아 자신의 영양분으로 이용할 수 있다. 반면, 혐기성세균인 클로스토리듐(clostridium)이나 호기성세균인 아조토박터(azotobacter)는 토양 속에서 단독생활을 하지만, 질소고정을 한다.

뿌리혹박테리아 등의 질소고정세균에는 질소고정효소(nitrogenase)라는 효소가 있는데, 이 효소가 공기 속 질소를 암모니아(NH_3)로 바꾼다. 암모니아는 기체지만 금방 물에 녹아 암모늄 이온(NH_4^+)이 된다. 뿌리혹박테리아의 몸속에서 암모늄 이온은 아미노산의 일종인 글루탐산으로서 들어와 다시 다른 아미노산이나 질소를 함유한 유기화합물로 바뀐다. 또는 뿌리혹박테리아에서 암모늄 이온이 땅속으로 방출되면 질화세균(nitrifying bacteria, 아질산균이나 질산균)의 작용으로 마지막에는 식물이 이용할 수 있는 물질인 질산염이 된다.

식물이 땅속에서 질산염을 흡수하면 환원해 NH_4^+로 바꾼 다음 아미노산 합성에 이용한다. 이렇게 식물은 몸속에서 아미노산과 단백질을 합성하고, 동물은 식물을 먹어서 질소를 함유한 화합물을 흡수할 수 있다.

빛이 없어도 유기물을 합성할 수 있는 생물
- 화학합성 이야기

이산화탄소와 물로 탄수화물을 합성하는 것이 광합성이며, 이때 빛에너지가 필요하다는 설명은 이미 했다. 따라서 빛이 전혀 닿지 않는 장소에서는 생물의 영양분이 되는 탄수화물 또한 합성할 수 없으므로 녹색식물이 서식할 수 없다. 녹색식물에서 영양분을 얻는 다른 생물 또한 생활할 수 없다.

그런데 빛이 전혀 닿지 않는 심해나 땅속 깊은 곳에도 미생물이 서식한다는 사실이 밝혀졌다. 심해 탐사 결과, 열수분출공 주변에는 미생물뿐만 아니라 튜브웜(Lamellibrachia sp.)이나 간달푸스 유노하나(*Gandalfus yunohana*), 시로우리조개(*Calyptogena soyoae*) 등의 조개류, 심해어 등이 서식하며 풍부한 생태계를 이루고 있었다. 그래서 빛이 전혀 닿지 않는 열수분출공 주변 생물이 어떻게 영양분을 얻는지 과학자들의 관심이 집중되었다.

열수분출공에서는 황화수소나 메테인, 수소 등의 무기물이 분출된다. **화학합성 세균**은 이 무기물을 산화해 에너지를 얻고, 그 에너지를 탄수화물 합성에 이용한다고 한다.

제 **7** 장

생물의 반응과
조절의 메커니즘

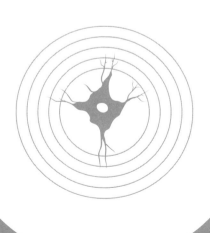

7-1

근육은 어떻게 수축할까
−근육의 구조와 근육 수축의 원리

　팔을 굽히거나 펼 때, 근육이 늘어나고 줄어든다. 옛날부터 사람들은 근육이 늘어나고 줄어드는 모습을 불가사의하게 여겼다. 신축성이 좋은 대표적인 물질에 고무가 있는데, 사람들은 근육도 고무처럼 늘어나고 줄어든다고 오랫동안 믿어 왔다.

　하지만 근육이 늘어나고 줄어드는 원리는 고무와 전혀 다르다는 것이 지금의 상식이다. 근육의 움직임에 대해 이해하려면 먼저 근육의 미세 구조들부터 알아볼 필요가 있다. 뼈에 붙어 있는 근육을 골격근이라고 하는데, 이것을 광학현미경으로 관찰하면 근육에 가로로 줄무늬가 보인다. 이 근육을 가로무늬근(striated muscle, 또는 횡문근)이라고 한다.

　가로무늬근을 전자현미경으로 더 자세히 관찰해 보자. 가로무늬근에는 밝은 부분인 I대와 어두운 부분인 A대가 있는데, I대에는 액틴이라는 단백질이 사슬처럼 연결돼 이루어진 액틴필라멘트(actin filament)가 있으며, A대에는 액틴필라멘트 외에 마이오신을 함유한 마이오신필라멘트(myosin filament)가 가지런히 늘어서 있다.

　근육이 수축할 때 I대의 길이는 짧아지고 A대의 길이는 변하지 않는데, 이를 토대로 액틴필라멘트 사이로 마이오신필라멘트가 들어가며 근육 전체의 길이가 짧아진다는 사실을 알 수 있다.

　그럼 근육의 수축은 어떤 원리로 일어날까? 격렬한 운동 뒤, 다리에 쥐가

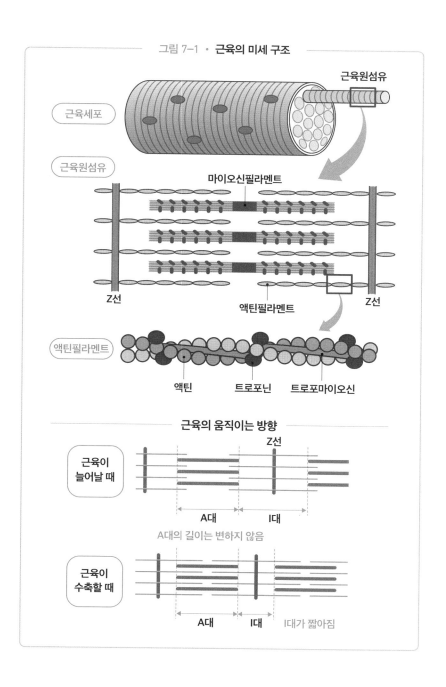

그림 7-1 · **근육의 미세 구조**

근육세포

근육원섬유

근육원섬유

마이오신필라멘트

Z선

액틴필라멘트

Z선

액틴필라멘트

액틴   트로포닌   트로포마이오신

근육의 움직이는 방향

근육이
늘어날 때

Z선

A대   I대

A대의 길이는 변하지 않음

근육이
수축할 때

A대   I대   I대가 짧아짐

나 고생했던 경험은 다들 있을 것이다. 쥐가 나는 것은 우유 등에 많이 들어 있는 칼슘 이온과 관계가 있다. 칼슘은 우리 뼈를 형성할 뿐만 아니라 근육을 수축하는 열쇠이기도 한 매우 중요한 물질이다. 피곤하면 칼슘 이온을 저장하는 그물 모양의 근소포체(sarcoplasmic reticulum)에서 근육원섬유로 칼슘 이온이 한꺼번에 방출되며 근육이 강하게 수축한다. 이것이 '다리에 쥐가 나는' 원리다.

근육이 수축할 때, 근소포체에서 방출된 칼슘 이온은 근육의 액틴필라멘트에 있는 트로포닌(troponin)이라는 단백질과 결합한다. 그러면 트로포닌의 입체구조가 변화해 액틴필라멘트의 액틴과 마이오신필라멘트의 마이오신 사이에서 상호작용한다. 마이오신이 에너지 물질인 ATP를 분해한 에너지를 사용해 액틴필라멘트를 끌어당긴다.

7-2

신경은 어떻게 흥분을 빨리 전달할 수 있을까
–신경의 흥분과 도약전도 이야기

뜨거운 주전자에 실수로 손이 닿으면, "앗, 뜨거!"라고 큰 소리를 내며 서둘러 손을 움츠린다. 만약 뜨거운 주전자에 손을 계속 대고 있으면 큰 화상을 입을 것이다.

이처럼 우리가 재빨리 움직일 수 있는 이유는 손끝에 있는 신경이 뜨거움을 척수로 재빨리 전달해 척수가 즉석에서 '손을 움츠려라.'라고 지령을 내리기 때문이다. 그럼 자극은 손끝에서 척수까지 어떻게 전달될까?

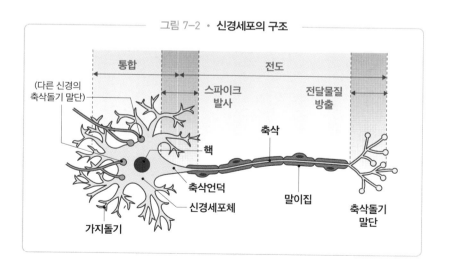

그림 7-2 · **신경세포의 구조**

통합　　　전도

(다른 신경의 축삭돌기 말단)

스파이크 발사　　　전달물질 방출

축삭

핵

축삭언덕

신경세포체

가지돌기

말이집

축삭돌기 말단

그림 7-2에서 보듯, 신경세포(뉴런)는 특수한 세포다. 신경세포는 크게 신경세포체(nerve cell body), 축삭돌기(axon), 가지돌기(dendrite)로 이루어져 있다. 외부에서 온 자극은 가지돌기에서 받아들인 후, 신경세포체에서 축삭돌기를 거쳐 축삭돌기 말단을 통해 다른 신경세포로 전달된다.

그림 7-3을 보자. 신경이 흥분하고 있지 않을 때 신경세포 안쪽은 바깥쪽보다 전위(electric potential)가 낮은데, 측정해 보면 약 −70mV다. 이를 휴지전위(resting potential)라고 한다. 신경의 축삭돌기를 바늘로 자극하면, 자극을 받은 위치는 국소적으로 전위가 역전해(탈분극(depolarization)이라고 한다) 바깥쪽보다 안쪽의 전위가 높아져 약 +30mV가 된다. 이 상태를 활동전위(action potential)라고 한다.

활동전위는 오래 유지되지 않고 바로 원래 상태인 휴지전위로 돌아온다.

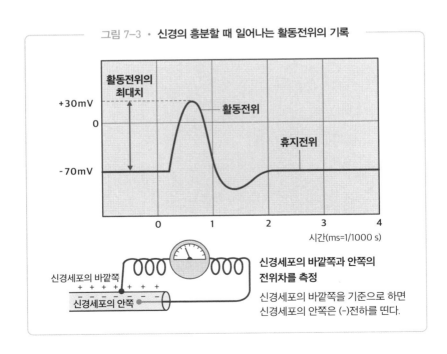

그림 7-3 · 신경의 흥분할 때 일어나는 활동전위의 기록

활동전위의
최대치

+30mV

0

활동전위

휴지전위

-70mV

0   1   2   3   4

시간(ms=1/1000 s)

신경세포의 바깥쪽과 안쪽의
전위차를 측정

신경세포의 바깥쪽을 기준으로 하면
신경세포의 안쪽은 (-)전하를 띤다.

신경세포의 바깥쪽
+ + + + + + + +
신경세포의 안쪽

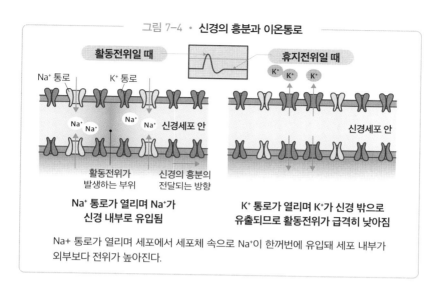

그림 7-4 • 신경의 흥분과 이온통로

활동전위일 때   휴지전위일 때

Na⁺ 통로   K⁺ 통로   K⁺ K⁺ K⁺

Na⁺ Na⁺   Na⁺   Na⁺ 신경세포 안   신경세포 안

활동전위가   신경의 흥분의
발생하는 부위   전달되는 방향

Na⁺ 통로가 열리며 Na⁺가   **K⁺ 통로가 열리며 K⁺가 신경 밖으로**
신경 내부로 유입됨   **유출되므로 활동전위가 급격히 낮아짐**

Na+ 통로가 열리며 세포에서 세포체 속으로 Na⁺이 한꺼번에 유입돼 세포 내부가
외부보다 전위가 높아진다.

신경세포의 안과 밖에서 전위가 변하는 이유는 신경세포막에서 Na⁺나 K⁺를
통과시키는 역할을 하는 이온통로(ion channel)라는 구조 덕분이다. 신경이 흥
분하면 Na⁺ 통로가 열리며 밖에서 안으로 한꺼번에 많은 Na⁺가 들어온다. 세
포 안쪽에 일시적으로 양이온 수가 늘어나며 안쪽 전위가 올라가는 것이다.
그러나 다음 순간 K⁺ 통로가 열리며 세포 속의 K⁺가 한꺼번에 밖으로 나간다.
이런 과정을 통해 활동전위는 금방 사라지고 휴지전위로 돌아온다.

그럼 신경의 흥분은 어떻게 빨리 전달될까? 고등동물의 신경은 말이집신
경(medullated nerve)이라고 하여, 축삭돌기 표면이 말이집(myelin sheath)이라는
절연체로 덮여 있다. 곳곳에 말이집으로 덮여 있지 않은 부분도 있는데, 이
부분을 랑비에결절(node of Ranvier)이라고 한다. 이온통로는 랑비에결절에만
있으므로, 자극은 절연체인 말이집으로 덮인 부분을 건너뛰어 재빨리 다음
랑비에결절의 이온통로로 전달된다(그림 7-5 참조). 이처럼 흥분이 건너뛰며
전달되기 때문에 도약전도(saltatory conduction)라고 한다.

지금까지 신경의 흥분은 신경세포 속에서 양방향으로 전달된다고 이야기했다. 그런데 감각신경은 신체 말단에서 뇌 등의 중추신경계로 자극을 전달하고, 운동신경은 뇌 등의 중추신경계에서 신체 말단으로 자극을 전달하는 방향성이 있다. 그 이유는 뭘까?

비밀은 신경세포와 다음 신경세포 사이에 있다. 축삭돌기 말단에는 시냅스라는 특수한 구조가 있는데, 여기서는 흥분이 한 방향으로 전달된다. 흥분이 시냅스까지 도착하면 시냅스소포의 내용물이 시냅스틈(synaptic clef, 신경세포와 다음 신경세포 사이의 작은 간격)으로 방출된다. 내용물 안에는 아세틸콜린(acetylcholine) 같은 신경전달물질이 들어 있다. 이것이 다음 신경세포에 도달하면 다음 신경세포에서 흥분이 시작되며 신경의 흥분이 한 방향으로 전달된다.

그림 7-5 · **도약전도의 원리**

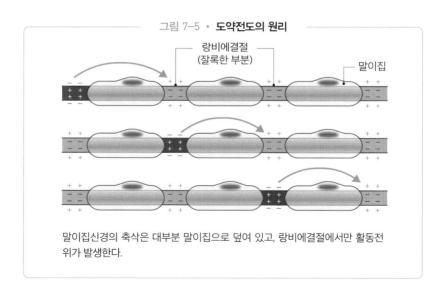

랑비에결절
(잘록한 부분)

말이집

말이집신경의 축삭은 대부분 말이집으로 덮여 있고, 랑비에결절에서만 활동전위가 발생한다.

7-3

소리 자극은 어떻게 뇌로 전달될까

–소리가 들리는 원리

인간은 언어를 통한 의사소통이나 마음을 편안하게 하는 음악 등 '소리'라는 물리 현상에 많이 의지한다. 소리는 간단히 말하면 '공기의 진동'이다. 공기의 농도가 진한 곳과 연한 곳이 반복해 나타나 귀의 고막을 진동하게 하고, 그것을 '소리'로 감지한다. 진동은 공기뿐만 아니라 물이나 금속 등에서도 일어나므로 물속에서 전달되는 진동이 귀의 고막을 자극하면 우리는 이 진동을

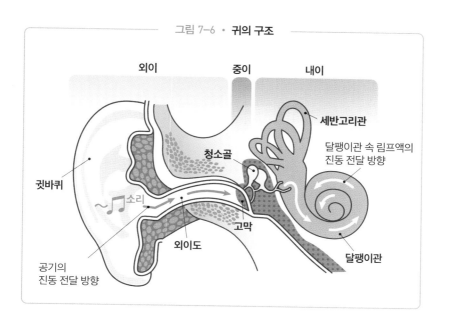

그림 7–6 · **귀의 구조**

외이　　중이　　내이

세반고리관

달팽이관 속 림프액의
진동 전달 방향

청소골

귓바퀴

~♩소리

고막

외이도

달팽이관

공기의
진동 전달 방향

소리로 감지한다. 이와 마찬가지 원리로 금속에 귀를 대고 소리를 느낄 수도 있다. 공기나 물, 금속과 같은 물질을 매질(medium)이라고 한다.

소리는 파동의 일종으로, 파동의 진행 방향과 매질의 진동 방향이 같으면 '종파(longitudinal wave)'라고 한다. 파동의 진행 방향과 매질의 진동 방향이 수직인 파동은 횡파(transverse wave)라고 하는데, 빛이나 전자파 등이 여기 해당한다.

공기 속을 타고 온 소리는 귀의 고막을 진동한다. 이어서 고막과 연결된 청소골(auditory ossicle)이 진동하고, 그다음 달팽이관(cochlea)이라고 하는 달팽이 모양의 구조 내부에 있는 림프액이 진동한다. 이 진동이 달팽이관 속에 있는 코르티기관(Organ of Corti)으로 전달돼, 유모세포(hair cell)라는 특수한 세

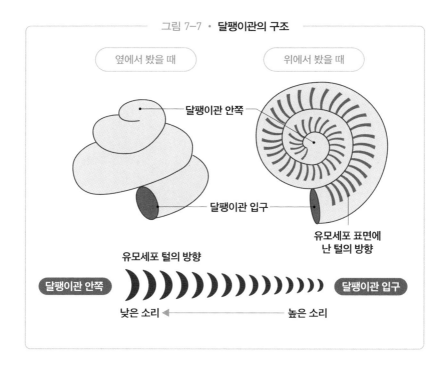

그림 7-7 · 달팽이관의 구조

포에 난 털이 진동한다. 이 진동이 전기신호로 바뀌어 청신경을 통해 뇌로 전달된다.

그럼 높은 소리와 낮은 소리는 어떻게 구별할 수 있을까? 그림 7-7의 달팽이관을 보면, 좀 더 강하게 진동하는 기저막(basilar membrane)의 위치가 소리의 주파수에 따라 변화한다. 높은 소리는 달팽이관 입구 부근, 낮은 소리는 입구에서 가장 먼 부분을 진동시킨다. 또한 유모세포마다 표면에 나 있는 털의 길이가 다르다. 그래서 가장 강하게 반응하는 주파수도 각각 달라지므로 높은 소리와 낮은 소리를 구별해 감지할 수 있다.

이렇게 각각의 유모세포에서 감지한 자극은 각각의 청신경을 거쳐 추체교차(pyramidal decussation)라는 부분에서 오른쪽 귀에서 온 소리는 왼쪽 뇌로, 왼쪽 귀에서 온 소리는 오른쪽 뇌로 보내 대뇌 측두부에 있는 청각피질(auditory cortex)로 전달된다. 청각피질은 높은 소리나 낮은 소리를 구분할 뿐만 아니라 오른쪽 소리가 강한지 왼쪽 소리가 강한지, 아니면 같은 세기인지를 감지해 그 소리가 어느 방향에서 온 것인지도 알 수 있다.

생물의 반응과 조절의 메커니즘

7-4

빛의 자극은 어떻게 뇌로 전달될까
−사물을 보는 원리

　사람이 볼 수 있는 빛이 전자파의 일종이라는 사실을 알고 있는가? 전자파는 방사선이나 전파처럼 눈에 보이지 않으면서 사람에게 해를 끼치는 존재로 아는 사람이 많은데, 사실 빛이 전자파다. 그럼 사람이 볼 수 있는 빛이 방사선이나 전파와 다른 점은 무엇일까? 파동의 파장(또는 주파수·파동수)이 다르다. 방사선의 일종인 감마선이나 X선, 자외선은 에너지가 강해 우리 몸에 닿으면 DNA나 단백질 등을 파괴한다. 하지만 적외선이나 전파는 에너지가 낮아 몸의 분자를 거의 파괴하지 않는다.

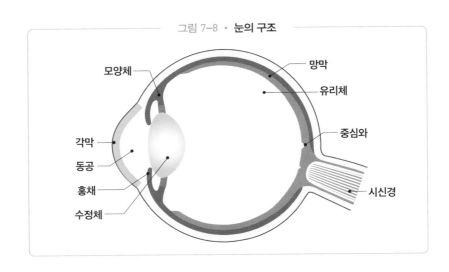

그림 7-8 · **눈의 구조**

우리가 보는 빛의 파장은 대부분 400~700nm 사이에 있다. 우리가 빛의 세기만 느낄 수 있다면 이 세상은 흑백사진처럼 보일 것이다. 그러나 우리의 눈은 빛의 파장 차이를 색의 차이로 구분할 수 있다. 그럼 먼저, 망막이 어떤 구조로 이루어져 있는지 알아보자.

그림 7-9에서 망막은 몇 종류의 세포가 층층이 쌓여 이루어져 있는데, 가장 바깥쪽에는 색소상피층이 있다. 눈의 수정체에서 유리체를 지나서 온 빛은 일단 망막 바깥쪽에 있는 색소상피층에서 반사한다. 그리고 시각세포(간상세포와 원추세포 두 종류로 이루어진다)가 그 빛을 받아 전기신호로 바꾼다. 이 신호가 시각세포에서 다른 신경세포(쌍극세포, 수평세포, 아마크린세포, 신경절세포)로 넘어가며 마지막으로 신경계를 통해 뇌로 도착한다.

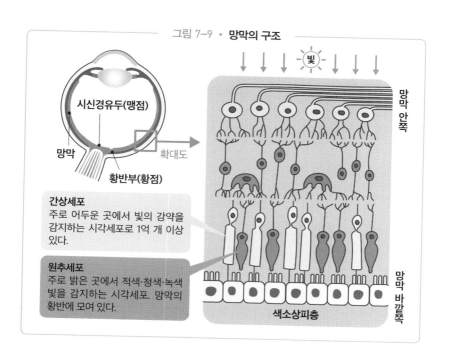

그림 7-9 · **망막의 구조**

시신경유두(맹점)

망막

확대도

황반부(황점)

빛

망막 안쪽

간상세포
주로 어두운 곳에서 빛의 강약을 감지하는 시각세포로 1억 개 이상 있다.

원추세포
주로 밝은 곳에서 적색·청색·녹색 빛을 감지하는 시각세포. 망막의 황반에 모여 있다.

색소상피층

망막 바깥쪽

그럼 시각세포는 어떻게 빛을 전기신호로 바꿀까? 시각세포 속 간상세포에서 눈으로 들어온 빛은 로돕신(rhodopsin)이라는 단백질 속 '레티날(retinal)'이라는 저분자화합물을 만난다. 그러면 레티날의 입체구조가 시스레티날에서 트랜스레티날로 크게 변화하고, 이것을 계기로 시각세포의 Na^+ 통로가 닫힌다. 앞에서 신경에 자극을 받으면 흥분이 일어나 Na^+ 통로가 닫히고 신경세포 바깥쪽과 안쪽의 전위가 역전해 이 자극이 뇌로 전달된다고 배웠다.

하지만 시각은 반대로 빛이 없는 상태일 때, 시각세포가 일정 간격으로 흥분하며 신경전달물질을 계속 방출한다. 빛이 들어오면 Na^+ 통로가 닫히고 흥분이 뇌로 전달되지 않는데, 뇌가 그 변화를 밝다고 느끼는 것이다.

차를 운전할 때 갑자기 다른 차가 추월해 갔다고 가정해 보자. 추월한 차는 무슨 색이었을까? "빨간 차였어요."라는 식으로 간단히 대답할 수 있을 것이다. 하지만 밤이라면 어떨까? 아니면 조수석에 앉아 옆을 보느라 추월한 차를 곁눈질로만 봤다면 어떨까? 그 차가 무슨 색이었는지 단언할 수 있을까? 이 현상은 망막의 구조와 관계가 있다.

차의 색과 모양이 가장 잘 보이는 것은 차가 바로 정면에 있을 때다. 차가 정면에 왔을 때 그 상이 망막에서 가장 잘 보이는 황반이라는 곳에 맺히기 때문이다. 밤에 색 구분이 어려운 것은 색을 인지하는 원추세포가 명암을 인지하는 간상세포보다 감도가 낮기 때문이다. 색을 인지하는 원추세포는 망막의 황반 부근에 많고 망막 끝으로 가면서 수가 줄어들기 때문에, 설령 낮이라도 곁눈질로 봤다면 그 차의 색을 알기 어렵다.

그럼 우리는 어떻게 색을 구분할까? 이번에는 원추세포(cone cell)에 대해 알아보자. 원추세포는 빨간색·파란색·녹색의 빛에 각각 반응하는 세 종류의 세포다. 각각의 색 정보는 시각세포에서 수많은 신경세포를 거쳐 시신경을 통해 대뇌의 시각야(후두부에 있다)로 전달된다.

예를 들어 빨간색을 감지한 원추세포에서 나온 정보는 다른 정보와 섞이지 않고 다음 신경세포를 통해 뇌로 간다. 뇌는 빨간색 · 파란색 · 녹색을 담당하는 시각세포의 활동 상황을 통해 그 색이 무슨 색인지 판단한다.

사실 TV 화면도 세 가지 색을 조합해 다양한 색을 만든다. 인간의 눈이 색을 감지하는 원리를 연구해 TV 화면을 만들었기 때문이다.

인간의 눈은 노란색 단색과 빨간색 빛과 녹색 빛을 섞어 만든 노란색을 구별할 수 없다. 만약 인간과 전혀 다른 원리로 빛의 파장 차이를 감지하는 우주인이 있다면 인간이 만든 TV를 보고 세 가지 색밖에 없는 지루한 화면이라고 생각할지도 모른다.

제
7
장

생물의 반응과 조절의 메커니즘

7-5

냄새를 맡는 원리
-후각 이야기

우리가 느끼는 오감(시각·청각·후각·미각·촉각) 중 냄새를 맡는 원리에 대한 연구는 비교적 더딘 편이다. 공기 속을 떠도는 화학물질을 느끼는 것이 냄새를 맡는 것인데, 화학물질의 종류가 너무 많아서 수수께끼투성이였다. 연구의 돌파구는 누에나방 같은 곤충이 페로몬이라는 특정 화학물질에만 반응하고 다른 물질에는 전혀 반응하지 않는다는 사실을 알고부터 열렸다. 이렇게 후각에 대한 연구는 곤충 연구를 통해 크게 발전해 왔다.

그럼 냄새를 느끼는 후각의 원리는 무엇일까? 인간의 코 안쪽 후점막(olfactory mucosa)에는 약 500만 개의 후세포(olfactory cell)가 늘어서 있다. 후세포 표면에는 후각수용체(olfactory receptor)가 있으며, 이곳에 공기 속 '냄새 분자'가 결합하면 자극이 되어 후세포가 흥분한다. 이 흥분이 전기신호로 바뀌어 후신경을 통해 뇌로 전달된다.

후각수용체란 뭘까? 후각수용체의 유전자는 1991년 미국 컬럼비아대학의 리처드 액설(Richard Axel, 1946~)과 프레드허친슨암연구소(Fred Hutchinson Cancer Research Center)의 린다 벅(Linda Buck, 1947~) 연구팀이 처음 발견했다. 이들은 이 공적을 인정받아 2004년 노벨생리의학상을 받았다.

후각수용체는 G단백질연결수용체(G protein-coupled receptor, GPCR)인데, 긴 펩타이드 사슬이 막을 7번 관통하는 막단백질이다. 이 수용체와 '냄새 물질'이 결합하면 G단백질이 활성화한다. G단백질은 아데닐산고리화효소(adenylyl cyclase)라는 효소를 활성화하고, ATP에서 고리형 AMP(cAMP, cyclic AMP)가 생성된다.

고리형 AMP는 후세포 표면의 Na⁺ 통로를 열고, 세포 속으로 Na⁺가 들어간다. 그러면 후세포에 활동전위가 일어나 후세포가 흥분한다. 그 후, 후각수용체 유전자와 매우 비슷한 구조의 유전자가 다수 발견되었다. 놀랍게도 포유류에서는 약 1000종이 넘는 후각수용체 유전자가 발견되었다. 전체 유전자의약 3%에 해당하는 양이다. 이 사실로 보아 포유류가 냄새 물질에 대해 얼마나 많은 종류의 후각수용체를 갖추고 있는지 알 수 있다.

생물의 반응과 조절의 메커니즘

7-6

맛을 느끼는 원리
-혀의 구조와 미각 이야기

　　미각을 느끼는 '미세포'에는 미각수용체(taste receptor)라는 곳이 있는데, 그곳에 맛을 내는 물질이 결합하면 미세포가 흥분한다. 앞에서 다룬 '후각수용체'와 마찬가지로 G단백질연결수용체(GPCR)라는, 긴 펩타이드 사슬이 막을 7번 관통하는 막단백질도 발견했지만, 이외에 이온통로형 수용체도 발견했다. 맛에는 단맛, 신맛, 짠맛, 쓴맛, 감칠맛이라는 5종류의 기본 맛이 있는데, 그중 신맛을 빼고 각각의 맛에 대응하는 수용체 유전자를 발견했다.

　　매운맛은 미각에 들어가지 않을까? 매운맛은 미세포가 아니라 온도나 통증을 느끼는 세포에서 감지한다. 매운 음식을 영어로 'hot'이라고 표현하는데, 미각의 관점으로 보면 올바른 표현이라 할 수 있다.

7-7

자력을 느끼는 원리
−자성세균과 철새 이야기

세포 속에 자석이 있는 세균이 있다는 사실을 알고 있는가? 이 세균에는 자기를 느끼는 세포소기관인 마그네토솜(magnetosome)이 있다고 하는데, 마그네토솜을 나침반처럼 사용해 N극이나 S극으로 이동할 수 있다. 마그네토솜에 들어 있는 자기 미립자는 약 50nm 크기의 자철석(magnetite, Fe_3O_4)으로 이루어져 있다. 겉은 인지질막으로 덮여 있으며, 이 구조가 직선 형태로 쭉 나열되어 있다.

철새는 기후의 영향을 받지 않고 정확한 방위를 찾아 이동할 수 있는데, 철새의 몸속에 자석이 들어 있어서 이것이 나침반처럼 작동하기 때문이라는 주장이 있다. 최근 비둘기나 멧새 등의 뇌에서 자철석이 검출되며 이 주장에 힘이 실리기도 했다. 그러나 비둘기 머리에 강력한 자석을 붙여 뇌 속 자철석의 기능을 망가뜨린 뒤 날려 봤지만 여전히 정확한 장소에 도착하는 등, 아직 뇌속 자철석과 이동의 관계는 완전히 해명되지 않았다.

생물의 반응과 조절의 메커니즘

7-8

뇌를 조사하는 두 가지 방법
−신경 네트워크 연구와 뇌의 화상 분석

인간의 이성과 감성, 그리고 과거의 기록이 뇌 속에 있다는 주장에는 의문의 여지가 있어서, 뇌 속에서 다양한 정보가 어떻게 처리되는지 조사해 사실 여부를 판단하고 싶어도 인체 실험이 불가능하므로 연구가 어렵다. 옛날에는 정신질환자의 뇌수술을 할 때 뇌 일부를 전극으로 자극해 뭐가 보이거나 느껴지는지를 실험하기도 했지만, 현대에 와서 이런 실험은 쉽게 할 수 없다.

뇌의 활동을 조사하는 방법은 크게 두 가지가 있다. 첫 번째는 앞에서 이야기했듯, 뇌에 전극을 넣어 특정한 신경세포를 자극해 그 자극이 어느 신경세포에서 어느 신경세포로 전달되는지를 면밀히 조사하는, 뇌신경 네트워크를 연구하는 방법이다. 쥐 등 실험동물을 이용한 연구가 많고, 최근에는 신경세포 표면에 가는 유리관 끝을 가져다 댄 다음 이온통로 한 개의 활동을 기록할 수 있는 세포막빨기법(patch-clamp)을 사용한다.

또한 자극을 준 신경세포의 가지돌기나 축삭돌기가 뇌 속 어느 부근까지 퍼져 있고 그 신경세포가 어디와 연결돼 있는지 조사하기 위해 자극을 준 신경세포에 색소를 주입해 신경세포 전체를 염색할 수도 있다. 그러나 한 개의 신경세포가 정보를 보내는 상대는 매우 많으므로 모든 신경 네트워크를 연구하기란 매우 어렵다. 예를 들어 한 개의 신경세포와 연결된 곳이 100개라고 하면, 100개의 세포와 연결되는 곳은 100×100이므로 통로는 1만 개나 된다.

그런데 2013년 미국 스탠퍼드대학의 연구팀에서 뇌 속 신경 네트워크 연

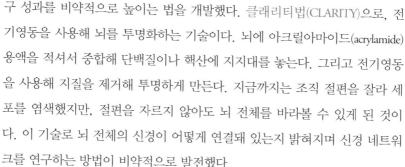

그림 7-10 · 신경세포의 흥분을 조사하는 세포막빨기법

가는 유리관 끝

신경세포 표면

이온 통로

구 성과를 비약적으로 높이는 법을 개발했다. 클래리티법(CLARITY)으로, 전기영동을 사용해 뇌를 투명화하는 기술이다. 뇌에 아크릴아마이드(acrylamide) 용액을 적셔서 중합해 단백질이나 핵산에 지지대를 놓는다. 그리고 전기영동을 사용해 지질을 제거해 투명하게 만든다. 지금까지는 조직 절편을 잘라 세포를 염색했지만, 절편을 자르지 않아도 뇌 전체를 바라볼 수 있게 된 것이다. 이 기술로 뇌 전체의 신경이 어떻게 연결돼 있는지 밝혀지며 신경 네트워크를 연구하는 방법이 비약적으로 발전했다.

또 하나는 뇌 전체를 조사하는 방법이다. 혈류나 대사와 같은 뇌 속 기능의 지표를 화상으로 만들어 조사한다. 그러면 뇌에 상처를 내지 않고도 뇌와 마음의 관계를 연구할 수 있다. 이 방법은 뇌의 어느 부분이 활동하고 있는지는 조사할 수 있지만, 각각의 신경세포의 활동이나 신경 네트워크 해명과 같은 세세한 내용은 알 수 없다는 단점이 있다.

뇌 전체를 조사하는 방법에는 컴퓨터단층촬영(CT: computed tomography), 양전자단층촬영(PET: positron emission tomography), 자기공명영상(MRI:

표 7-1 · **뇌의 형태와 기능을 시각화하는 방법**

컴퓨터단층촬영 (CT: computed tomography)

양전자단층촬영 (PET: positron emission tomography)

자기공명영상 (MRI: magnetic resonance imaging)

자기뇌파검사 (MEG: magnetoencephalography)

magnetic resonance imaging) 등이 있다. X선을 사용하는 CT는 ① 고통이 없고, ② 뇌출혈과 뇌경색은 거의 100% 감별할 수 있지만, ③ 뇌의 활동은 알 수 없으므로 PET나 MRI와 함께 해석해야 한다.

양전자단층촬영(PET)은 방사성물질(산소 동위체 $^{15}O^{*}$ 등)을 이용한다. 활동하고 있는 뇌 영역에는 산소가 많이 필요하므로 뇌 속 산소 분포를 추적해 뇌의 활동을 조사하는 방식이다. PET는 산소의 방사성동위체인 ^{15}O 등을 이용하는데, 극히 미량만 사용하므로 뇌에 크게 해롭지 않다. ^{15}O에서 양전자(positron)가 방출되면 가까운 전자와 충돌해 충돌한 방향과 수직 방향으로 감마선을 방출한다. 이 미약한 감마선이 뇌의 어느 위치에서 나오는지 PET 스캔 장치로 검출해 화상으로 만든다.

자기공명영상(MRI)은 환원형 헤모글로빈(산소가 떨어진 상태의 헤모글로빈)이 자기화하는 것을 이용한다. 자기화한 헤모글로빈을 자기장이 강한 곳에 둔 뒤 주파수가 높은 전자파를 쬐면 특정 주파수의 전자파를 방출한다. 이것을 핵자기공명(NMR: nuclear magnetic resonance)이라고 하는데, 이 전자파를 검출해 화상으로 만들어 뇌의 활동을 조사한다. 특정 뇌 영역이 활동하면 혈류가 증가해 더 많은 산소가 운반된다. 이때 산화형 헤모글로빈이 환원형으

---

* 산소 원자의 질량은 16이므로 ^{16}O로 표기한다. ^{15}O는 ^{16}O보다 중성자가 하나 적어서 산소 원자보다 양자수가 많아져 불안정하다. ^{15}O는 양자에서 양전자를 방출해 중성자가 되는 과정을 통해 안정화하려고 한다.

로 변화하며 자기화하므로, 그 위치를 특정하면 혈중 산소 농도의 아주 작은 변화를 측정할 수 있다.

신경 네트워크를 조사하는 방법과 뇌 전체의 화상으로 뇌의 활동을 조사하는 방법 모두 일장일단이 있지만, 양쪽을 잘 융합하면 비로소 뇌의 활동을 확실히 파악할 수 있다.

7-9

생체시계를 망가뜨리는 블루라이트
–생체시계 이야기

　최근 밤에 잠이 오지 않아 언제나 피곤하다는 사람이 늘고 있는데, 그 원인이 스마트폰이나 컴퓨터에서 나오는 청색 LED 빛과 관련 있다고 지적하는 전문가들이 있다.

　우리 몸속에는 주위 밝기에 영향을 받지 않는 생체시계가 있다. 생체시계는 뇌 속 시교차상핵(suprachiasmatic nucleus)이라는 곳에 있으며, 하루의 생활 리듬을 만든다. 그래서 만약 우리가 낮과 밤을 알 수 없고 시계가 없는 장소에서 생활한다 해도 매일 거의 같은 시간에 일어나고 같은 시간에 배가 고프며 같은 시간에 잠이 온다. 단, 생체시계는 24시간 주기보다 약간 긴 25시간에 가까운 주기로 작용한다. 따라서 낮과 밤을 모르는 장소에 있으면 매일 한 시간씩 행동이 어긋나 버린다. 이 현상을 전문용어로 '프리 런(free run)'이라고 한다. 시교차상핵은 송과체(epiphysis cerebri)에서 수면호르몬인 멜라토닌(melatonin)을 합성하는 주기를 조절한다. 혈액 속에 멜라토닌이 다량 분비되면 졸음이 와서 푹 잘 수 있다.

　그럼 하루 25시간 주기의 생체시계는 어떻게 세팅돼 24시간 주기의 생활 리듬으로 변할까? 이는 강한 빛과 관계가 있다. 아침에 눈을 떴을 때 강한 아침 햇살을 받으면 멜라토닌이 분해돼 졸음이 사라지면서 25시간 주기의 생활 리듬이 24시간 주기로 세팅된다. 멜라토닌은 청색 빛에 잘 분해되며, 저녁 햇살인 오렌지색이나 빨간색 빛에는 거의 분해되지 않는다.

그런데 최근 대다수의 전자기기에 청색 LED가 사용되며 한밤중까지 전자기기 화면을 보는 사람이 늘어나 멜라토닌이 분해되는 바람에 잠을 못 이루는 사례가 늘고 있다.

청색 LED에 대한 규제라도 생기지 않는 한, 우리는 상쾌한 아침을 맞이할 수 없을지도 모른다. 요즘은 청색 LED에서 나오는 빛을 차단하는 선글라스도 개발돼 이용하는 사람이 늘고 있다고 한다.

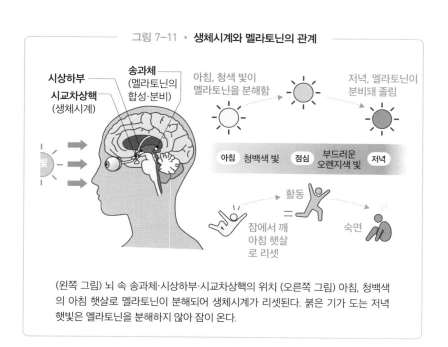

그림 7-11 · **생체시계와 멜라토닌의 관계**

시상하부
시교차상핵
(생체시계)

송과체
(멜라토닌의 합성·분비)

아침, 청색 빛이 멜라토닌을 분해함

저녁, 멜라토닌이 분비돼 졸림

| 아침 | 청백색 빛 | 점심 | 부드러운 오렌지색 빛 | 저녁 |

활동

잠에서 깨 아침 햇살로 리셋

숙면

(왼쪽 그림) 뇌 속 송과체·시상하부·시교차상핵의 위치 (오른쪽 그림) 아침, 청백색의 아침 햇살로 멜라토닌이 분해되어 생체시계가 리셋된다. 붉은 기가 도는 저녁 햇빛은 멜라토닌을 분해하지 않아 잠이 온다.

동물은 육감이 있을까
– 상어의 로렌치니기관과 뱀의 피트기관

많은 동물이 인간에게 없는 감각을 지니고 있다고 알려져 있다.

상어는 물속을 헤엄치는 물고기가 만드는 아주 작은 전위 변화를 감지해 먹이를 잡을 수 있다고 한다. 상어가 물속의 전위 변화를 감지하는 기관은 상어의 머리 전체에 분포하며, 로렌치니기관(Ampullae of Lorenzini)이라는 이름으로 알려져 있다. 놀랍게도 백만 분의 1 V라는 미세한 전위차까지 감지할 수 있다.

야행성인 뱀은 쥐와 같은 동물의 체온을 감지해 먹이를 쫓는다. 뱀은 코끝에 있는 피트기관(pit organ)에서 미묘한 열의 변화를 느낀다.

일본에서는 옛날부터 '거대 메기가 날뛰면 지진이 일어난다.'라고 믿어 왔다. 이바라키현의 가시마신궁에는 메기가 날뛰지 못하도록 꾹 눌러 놓았다는 전설이 있는 '요석'이라는 돌이 땅에 묻혀 있을 정도다. 이런 전설이 발생한 이유는 지진이 발생하기 직전에 메기가 이상행동을 했기 때문이다.

과학자들이 다양한 관점에서 지진과 메기의 관계를 조사했지만, 아직 진실은 알 수 없다. 지진 발생 직전 땅속에서 발생한 미약한 전류를 메기가 감지했기 때문이 아닐까 추정하는 정도다.

메기 이외에도 지진 직전에 쥐가 도망가는 등, 동물이 평소와 다른 행동을 하는 이유는 동물에게 우리 인간은 느끼지 못하는 감각(이른바 육감)이 있기 때문일지 모른다.

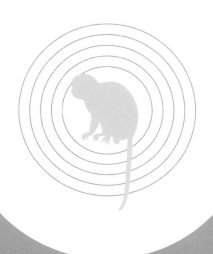

제 **8** 장

생물의 다양성과 멸종위기종

세상에는 왜 수많은 생물이 있을까
－생물의 다양성

　지구상에는 실로 다양한 생물이 살고 있다. 산에 가면 온갖 종류의 나무 사이로 다양한 종류의 곤충이 오가고, 바다에 가면 여러 가지 조류가 바위에서 자라며, 그 사이로 수많은 종류의 물고기와 조개 등의 해양생물이 서식한다. 자연계에는 왜 수많은 종류의 생물이 살고 있을까?

　이는 지구의 환경과 깊은 관계가 있다. 지구상에는 더운 곳이나 추운 곳, 습지나 건조한 사막처럼 다양한 기후의 장소가 있고, 그곳에는 각각의 환경에 적응한 독특한 생물이 산다. 게다가 환경은 같은 상태를 유지하지 않고 늘 변화한다. 예를 들어 지구 규모의 기후변화가 일어나 다습한 지역에 장기간 가뭄이 계속되면 오랫동안 물을 얻을 수 없는 상황이 벌어지고, 그곳에 사는 생물은 큰 영향을 받는다. 습한 곳을 좋아하는 생물은 사멸하고, 그 자리에 건조한 곳에서도 생활할 수 있는 생물이 찾아와 새로운 주인이 된다. 혹은 다습한 장소에 적응해 살던 생물 중 건조에 강한 생물만 살아남고, 새로운 종류의 생물이 태어나기도 한다.

　환경의 다양성과 생물종과의 관계를 보여 주는 한 가지 예를 소개하려 한다. 그림 8-1처럼 일본열도와 미국 대서양 해안을 비교해 보면, 해안선이 북동에서 남서로 뻗어 있는 모습 등이 매우 비슷하다. 그러나 일본의 해안은 미국 대서양 해안보다 해안선이 훨씬 복잡하다. 화산섬인 일본열도의 해안은 암석 지대 바로 옆에 모래사장이 펼쳐지는 등 변화가 많고, 얕은 바다와 수심 수천 미터의 깊은 바다가 모두 있는 다양한 환경이다. 스루가만이나 사가미만은 해안 바로 앞까지 수심 수천 미터의 심해가 펼쳐져 있다.

반면, 미국의 대서양 해안은 대륙의 경계선에 있어서 해안선이 단조롭다. 북쪽의 메인주에서 뉴욕주 부근까지는 암석 지대가 이어지지만, 여기서부터 남쪽인 플로리다주까지는 긴 모래사장만 이어지고 암석은 거의 없다.

일본 근해와 미국 대서양 해안의 생물종 수를 비교해 보면 깜짝 놀랄 만한

그림 8-1 · **일본열도와 미국 대서양 해안의 지도와 풍경 사진**

일본: 쇼도시마

미국: 사우스캐롤라이나주

일본열도는 화산섬이라 해안선이 복잡해, 갯바위나 모래사장 등 다양한 환경이 형성돼 있다. 반면, 미국의 대서양 해안은 북쪽인 뉴욕주에서 남쪽인 플로리다주까지 대부분 모래사장인 단조로운 자연환경이다. 그래서 일본 해안에 사는 생물종 수는 미국 대서양 연안보다 압도적으로 많다.

사실을 알 수 있다. 예를 들어 전 세계의 약 5000종 정도 되는 게 중에 일본 근해에 약 1000종이 서식한다. 그런데 미국 대서양 해안에 서식하는 게는 200종에 못 미친다. 일본 근해가 미국 대서양 해안보다 생긴 지 오래된 것은 사실이지만, 생물이 해양을 비교적 자유롭게 이동할 수 있다는 점을 생각해 보면, 역사만으로는 설명할 수 없는 이유가 있다. 매우 비슷한 환경이 넓게 펼쳐진 대서양 해안에서는 그 환경에 가장 잘 적응한 종만 번성하는 바람에 다른 종이 파고들 여지가 적다.

지구 몇 군데에는 새로운 생물종이 차례차례 탄생하는 장소가 있다. 핫 스폿(hot spot)이라고 하는데, 열대우림이나 산호초 등이 주로 여기 해당된다.

8-2

생물학에서는 왜 인간을 '호모 사피엔스'라고 부를까
-학명 이야기

생물의 이름은 어떤 방법으로 지을까? 우리에게 성과 이름이 있듯, 생물의 이름을 지을 때도 비슷한 생물끼리 모아 같은 성을 붙이고 뒤에 이름을 붙인다. 이처럼 두 개의 단어를 연결해 생물의 이름을 짓는 방식을 이명법(binomial nomenclature)이라고 하며, 18세기 스웨덴의 생물학자 칼 린네(Carl Linné, 1707~1778)가 처음 사용했다. 당시에는 나라별로 생물을 부르는 이름이 제각 각이었다. 린네가 이름을 통일한 덕분에 전 세계의 연구자들이 같은 생물을 같은 이름으로 부르게 되며 생물학이 세계적으로 발전할 수 있게 되었다.

세계 공통 생물 이름을 학명(scientific name)이라고 하며, 라틴어로 짓는다는 규칙이 있다. 또한 주로 이탤릭체로 쓴다.

예를 들어 사람의 학명은 *Homo sapiens*라고 하며, *Homo*가 성, *sapiens*가 이름에 해당한다. 그 뒤에 이름을 지은 사람(명명자)의 이름과 이름을 지은 연도를 붙이기도 한다. 호모 사피엔스의 명명자는 린네(Linnaeus는 Linné의 라틴어명)이므로 *Homo sapiens* Linnaeus, 1758이라고 쓴다.

생물학을 전문적으로 배우는 사람은 대표적인 생물의 학명을 외워야 한다. 유전자나 단백질 등의 데이터베이스에는 학명이나 그 약칭으로 생물의 이름이 게재되므로 학명을 외워 둬야 자료를 빨리 찾아볼 수 있기 때문이다. 분자생물학에서 자주 이용하는 대장균의 학명은 *Escherichia coli*(에셰리키아 콜라이)라고 하는데, 앞이 길어서 외우기 어려우므로 간단히 *E. coli*(이 콜라이)라고 한다. 마찬가지로 발생학이나 유전학 연구에 빠질 수 없는 예쁜꼬마선충(*Caenorhabditis elegans*, 카에노햅디티스 엘레간스)이라는 긴 이름의 벌레가 있는데, 짧게 압축해 *C. elegans*(시 엘레간스)라고 한다. 이름이 우아하니 틀림없이 아름다운 생물이라고 생각하겠지만, 사실 지렁이처럼 가늘고 긴 선충의 일종으로 몸길이는 수 mm 정도밖에 안 된다.

표 8-1 · **생물의 종명**

약어	학명	영명	한국명
hsa	*Homo sapiens*	human	사람
ppr	*Pan troglodytes*	chimpanzee	침팬지
mmu	*Mus musculus*	mouse	생쥐
rno	*Rattus norvegicus*	Norway rat	시궁쥐
cfa	*Canis familiaris*	dog	개
fca	*Felis catus*	domestic cat	고양이
bta	*Bos taurus*	cow	소
ssc	*Sus scrofa*	wild pig	멧돼지
ecb	*Equus caballus*	horse	말
pci	*Phascolarctos cinereus*	koala	코알라
oaa	*Ornithorhynchus anatinus*	platypus	오리너구리
pam	*Passer montanus*	tree sparrow	참새
xla	*Xenopus laevis*	African clawed frog	아프리카발톱개구리
eco	*Escherichia coli*	Escherichia coli	대장균
osa	*Oryza sativa*	rice plant	벼
dme	*Drosophila melanogaster*	fruit fly	노랑초파리

대표적인 생물의 학명을 알아보자. 개는 *Canis familiaris*(카니스 파밀리아리스), 고양이는 *Felis catus*(펠리스 카투스), 소는 *Bos taurus*(보스 타우루스)다. 벼는 *Oryza sativa*(오리자 사티바), 수국은 *Hydrangea macrophylla*(히드란게아 마크로필라)라고 한다.

한국이라는 뜻의 '*koreana*'나 '*koreanus*'가 이름인 생물도 있다. 사슴벌레붙이는 *Leptaulax koreanus*, 세잎종덩굴은 *Clematis koreana*이다. 백악기 말 북아메리카와 한반도가 육로로 연결돼 있었음을 증명하며 세계적 관심을 끈 이끼도롱뇽의 학명은 '*Karsenia koreana*'다. 현재 기후변화로 인해 서식지가 줄어들 위기에 처해 있다고 한다.

생물의 다양성과 멸종위기종

8-3

동물도 식물도 아닌 제3의 생물
-균류 이야기

　지구상에는 어떤 생물이 생활하고 있을까? 동물과 식물이 전부라고 생각하는 사람이 대부분이겠지만, 생물학적 관점으로 봤을 때 동물도 식물도 아닌 제3의 생물이 있다. 바로 균류, 즉 버섯이나 곰팡이다.

　곰팡이나 버섯은 대부분 스스로 움직이지 못하므로 식물의 일종 아니냐고 주장하는 사람도 있겠지만, 식물과는 다른 결정적인 차이가 있다. 식물은 대다수가 녹색을 띠고 있다. 녹색은 식물이 물과 이산화탄소를 이용해 포도당이나 녹말 등의 영양분을 만들어 내는 광합성을 할 때 필요한 엽록소의 색이다. 즉, 식물은 스스로 영양분을 합성할 수 있지만, 버섯이나 곰팡이는 영양분을 스스로 만들 수 없다. 그 대신 다른 동식물에 기생해 그곳에서 영양분을 받는다.

　또한 버섯의 몸을 만드는 물질도 식물과는 크게 다르다. 식물은 세포벽이 셀룰로스라는 탄수화물로 이루어져 있지만, 버섯이나 곰팡이는 셀룰로스 대신 키틴(chitin)이라는 물질로 이루어져 있다. 버섯을 먹을 때 채소나 과일과는 다른 식감을 느끼는 이유가 여기 있다. 유전자 연구를 통해서도 버섯이나 곰팡이는 동물이나 식물과는 크게 다른 별도의 그룹을 만든다는 사실을 알게 되었다.

　그런데 버섯이나 곰팡이의 일종 중 점균류(slime mold)라는 생물이 있다. 그중 세포성점균류는 어느 때는 단세포가 되고 어느 때는 다세포가 되는 등, 단세포생물에서 다세포생물로 진화한 과정을 연구하는 생물학계에서 매우 흥미로운 생물로 자리매김하고 있다.

포자에서 태어난 세포성점균류는 평소에는 단세포 형태로 흙 속에서 대장균 등의 세균을 먹으며 생활한다. 그런데 먹이가 떨어지면 한 세포가 구조신호를 보내고, 신호를 받은 동료 세포가 일제히 모인다. 그러면 10만 개 정도의 세포로 이루어진 집단을 형성해 민달팽이 같은 모습의 동물이 되어 먹이를 찾아 이동하기 시작한다. 그래도 먹이를 찾지 못하면 몸 앞쪽 4분의 1의 세포가 자실체(fruit body)를 만든다. 이때 자실체를 지탱하는 '포자낭병(sporangiophore)' 부분은 죽고 나머지 4분의 3의 세포는 자실체 속 포자가 되어 살아남는다. 단세포생물에서 다세포생물이 되는 시점에 이미 죽을 운명인 세포가 결정되고, 이들이 남은 동료를 구하기 위해 희생하는 것이다.

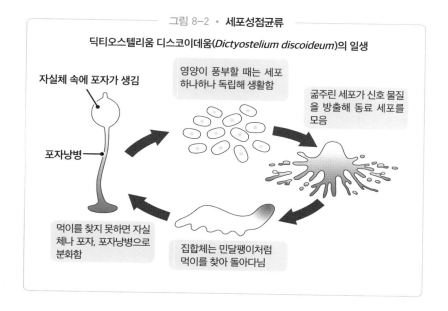

그림 8-2 · **세포성점균류**

딕티오스텔리움 디스코이데움(*Dictyostelium discoideum*)의 일생

자실체 속에 포자가 생김

영양이 풍부할 때는 세포 하나하나 독립해 생활함

굶주린 세포가 신호 물질을 방출해 동료 세포를 모음

포자낭병

먹이를 찾지 못하면 자실체나 포자, 포자낭병으로 분화함

집합체는 민달팽이처럼 먹이를 찾아 돌아다님

앞으로 장어를 먹지 못할 수도 있다?

– 멸종위기종이란 무엇일까

"여름이니까 장어라도 먹으러 갈까?"라는 말은 한여름에 자주 들을 수 있다. 그런데 이 지극히 흔한 말을 조만간 듣지 못할지도 모른다. 최근 몇 년 새, 바다에서 강으로 돌아오는 뱀장어의 치어인 '실뱀장어'의 수가 격감해 양식용 장어의 치어를 확보하기 어려워졌기 때문이다. 가까운 미래에는 장어가 멸종해 전 세계에서 사라져 버릴 위험이 있다.

한국에 서식하는 뱀장어는 '안길라 자포니카(*Anguilla japonica*)'라는 종인데, 성장하면 바다로 나가 태평양 심해에서 산란한다. 그곳에서 태어난 치어는 대양을 헤엄쳐 돌아와 한국의 강으로 돌아온다. 하구에 도달한 치어는 실뱀장어라고 하며, 그물로 잡아 양식용 활어조에서 소중히 기른다.

2006년 장어의 산란 장소가 괌 서쪽에 있는 마리아나해구 주변이라는 사실이 밝혀졌다. 알에서 치어를 부화시켜 성체까지 인공적으로 키우는 완전 양식은 2013년 일본 수산통합연구센터에서 세계 최초로 성공하기는 했지만, 상업용으로 완전 양식을 하려면 아직 해결해야 할 문제가 많다. 한국과 같은 종의 뱀장어가 서식하는 일본은 이 사태를 심각하게 느껴 2013년 뱀장어를 가까운 장래에 멸종할 가능성이 높은 멸종위기종(endangered species)으로 지정했다. 2014년에는 세계자연보전연맹(IUCN)도 뱀장어를 멸종위기종에 등록했다.

유럽에는 '유럽뱀장어'라는 종류의 장어가 있다. 그런데 유럽뱀장어도 최근 빠르게 수가 줄어들고 있다. 1990년대 유럽에서 포획한 실뱀장어를 중국에서 양식해 일본으로 수출하는 경로가 있었는데, 유럽에서 실뱀장어를 너무 많이 잡는 바람에 1980년의 장어 수를 100%라고 하면, 2005년에는 1~5%까지 격감해 버렸다. 얼마 안 남은 유럽뱀장어를 보호하기 위해 2009년부터는 국제 거래가 금지됐다. 그러자 이번에는 인도양 등에 서식하는 뱀장어(*Anguilla bicolor*)의 치어가 일본으로 수입돼 양식되기 시작했는데, "일본인은 전 세계의 장어를 다 먹어치우려는 거냐!"라고 전 세계적인 비난을 받기에 이르렀다.

장어 외에도 전 세계에 초밥이 유행하며 참다랑어를 대표로 하는 참치류가 격감하고 있다. 참치가 없는 초밥과 장어가 없는 장어집은 상상할 수조차 없다.

장어나 참치처럼 개체 수가 극단적으로 감소해 한 걸음씩 멸종을 향해 걸어가기 시작하는 동·식물군을 멸종위기종이라고 한다. 멸종 위험이 있는 야생생물을 목록으로 만들어 분포나 서식 상황을 자세히 소개하는 안내 책자가 있는데, 위기를 뜻하는 빨간색으로 표지를 만들어 레드데이터북(Red Data Book)이라고 하며, 그 책에 실린 야생생물 목록을 레드리스트(Red List)

표 8-2 • **멸종위기종과 절멸종**

	포유류	조류	파충류	양서류	어류	무척추동물	식물
절멸종	독도강치	여행비둘기					
자생지절멸종	사불상	괌뜸부기		와이오밍두꺼비			
심각한위기종	자바코뿔소	소코로비둘기 넓적부리도요 분홍머리오리	장수거북		철갑상어	대모잠자리	
멸종위기종	호랑이	황새 두루미 저어새	수원청개구리	남생이		비늘발고둥	구상나무 벌레먹이말
취약종	사향노루	재두루미	헛가시거북		가시고기		
위기 근접종	붉은박쥐						

라고 한다.

　레드리스트는 종 보존법(뒤에서 자세히 설명)에 따른 희소 식물의 보호나 무질서한 자연 파괴를 방지하는 환경영향평가의 기초 자료로 활용한다. 2017년판 세계자연보전연맹(IUCN)의 레드리스트에 따르면 멸종 위험이 있는 생물이 전 세계에서 2만 5821종에 달한다고 한다.

　세계자연보전연맹(IUCN)에서는 멸종의 위험도를 근거로 야생 동식물을 절멸종(EX), 자생지절멸종(EW), 심각한위기종(CR), 멸종위기종(EN), 취약종(VU) 등으로 분류한다.

8-5

워싱턴협약이 무엇일까
-멸종위기종을 지키기 위해

인천공항 등의 국제공항에 가면 국내 반입 금지 동식물이나 그것을 재료로 만든 제품을 사지 않도록 주의를 요하는 책자가 놓여 있다. 또는 진열대에 야생동물의 박제나 악어가죽 핸드백·상아 등의 제품이 진열되어 있는 모습을 본 적이 있을 것이다. 외국으로 나가는 여행자들에게 국제적으로 취급이 금지된 동식물이나 제품을 홍보해 외국에서 이런 물건을 사지 않도록 안내하는 것이다.

예를 들어 코끼리에서 채취한 상아, 악어가죽 핸드백, 야생 난과 선인장, 열대지역의 아름다운 새 등이 수입 규제 대상이다. 이런 물건을 국내로 가지고 들어오면 세관에서 압수되거나 법적인 처벌을 받는다.

세관이 깐깐하게 단속하는 이유는 워싱턴협약(Washington Convention)에 가입한 나라끼리 특정 동식물이나 그것으로 만든 제품의 수출입을 엄격하게 단속하기 때문이다. 워싱턴협약의 정식 명칭은 '멸종 위기에 처한 야생 동식물의 국제 거래에 관한 협약(CITES, Convention on International Trade in Endangered Species of Wild Fauna and Flora)'이다. 수출국과 수입국이 협력해 멸종위기에 처한 야생 동식물의 국제적인 취급을 규제해 보호를 꾀하는 것이 목적이다. 1973년 워싱턴에서 채택했고, 한국은 1993년에 가입했다.

어떤 제품이 워싱턴협약의 규제 대상인지는 표 8-3을 보기 바란다.

표 8-3 · 워싱턴협약에 따른 규제 대상 품목

한방약·바르는 약·주류

곰의 쓸개, 호랑이, 코브라, 사향소 등의 성분을 함유한 것 등

가죽제품

도마뱀, 뱀, 악어 등의 가죽을 사용한 가방, 지갑, 시곗줄, 허리띠, 약품류 등

박제·표본

거북, 악어, 매, 독수리, 호랑이 등의 박제, 새의 표본 등

살아 있는 동물

거북, 원숭이, 뱀, 카멜레온, 수달, 앵무새, 잉꼬, 아로와나 등

그 외의 제품

상아 도장·조각품·장식품, 거북 등껍데기 제품, 공작 깃털, 산호, 타조알, 칸델릴라왁스(등대풀)를 함유한 화장품 등

살아 있는 식물

난, 선인장, 용설란, 알로에, 대극

8-6

어마어마한 벌금
－강화된 종 보존법

애완동물이나 원예에 관심이 높아지면서 외국의 희귀한 동식물이 매우 높은 가격으로 거래되는 일이 잦아졌다. 희귀한 동식물 중에는 동남아시아나 아프리카, 중남미 등 멀리서 온 것이 많다. 현지에서는 이런 희귀 생물을 철저히 보호하며 워싱턴협약으로 수출입이 엄격히 금지되고 있음에도 희귀 동식물의 밀수입은 반복되고 있다.

과거에는 밀수입한 동식물은 가지고 들어와 버린 뒤에는 법적인 규제를 거의 할 수 없었다. 일본의 경우, 정부에서 이런 상황을 엄중하게 보고 종 보존법을 제정해 1994년부터 시행했다. 종 보존법 덕분에 일본에서 멸종위기종의 상거래가 이루어지면 관계자를 처벌할 수 있게 되었다.

종 보존법의 정식 명칭은 '멸종 위기에 있는 야생 동식물의 종 보존에 관한 법률'이다. 이 법률은 포유류나 조류 외에도 곤충, 어류, 식물까지 멸종 위험이 있는 생물을 체계적으로 지키는 것이 목적이다. 지정한 종의 포획이나 유통을 금지하는 개체 보호뿐만 아니라, 지정 종이 서식하는 장소의 개발이나 수목 벌채를 제한하는 서식지 보호, 멸종 위기에 처한 생물의 보호 및 증식도 이 법률로 규정돼 있다. 특히 따오기나 오키나와뜸부기 등 82종은 '국내 희소 야생 동식물종'에 지정돼, 포획이나 양도가 금지되어 있다.

하지만 희귀한 동식물은 고가로 거래되므로 얼마간의 벌금(최고 100만 엔)을 낸다 해도 타격이 크지 않아 밀수입을 반복하는 업자가 끊이지 않았다.

예를 들어 마다가스카르에 서식하는 쟁기거북은 한 쌍이 700만 엔에 거래 되기도 했다. 그래서 일본 정부는 종 보존법의 벌칙 강화를 목적으로 위반자가 회사 등의 단체일 경우 최고 1억 엔의 벌금을 물 수 있게 변경했다(한국에서는 '야생생물 보호 및 관리에 관한 법률'에 의거, 멸종위기 야생생물 Ⅰ급을 포획·채취·훼손하거나 죽인 자는 5년 이하의 징역 또는 500만 원 이상 5000만 원 이하의 벌금에 처한다-역주).

8-7

외국에서 들어온 위험한 동물들
−외래종 이야기

외국으로 여행을 떠나는 관광객은 매년 늘고 있다. 그런데 낯선 땅에서 무심코 주운 달팽이나 식물의 씨앗 등과 같은 외국의 동식물을 국내로 가지고 들어와 이 동식물이 국내 생태계를 크게 무너뜨리는 일이 심심치 않게 일어난다. 의심스러운 사람은 집에서 잠시 밖으로 나와 보기 바란다. 외국에서 침입한 잡초가 우리 주변에는 참으로 많다. 알레르기비염의 원인인 '돼지풀'이나 길가에 피는 '서양민들레', 가을 들판을 노란색으로 물들이는 '양미역취' 등은 대표적인 귀화식물(외래종)이다.

또한 연못에서는 크게 자란 미국산 붉은귀거북(옛날에는 청거북이라는 이름으로 많이 팔렸다)이 연못의 주인이라도 되는 양 유유히 일광욕을 하고, 강이나 호수에는 큰입배스라는 물고기가 크게 늘고 있다. 최근 애완동물로 키우던 피라냐라는 난폭한 물고기를 저수지에 버린 것이 발견되거나, 마찬가지로 애완동물로 키우던 미국너구리가 도망쳐 나와 도시를 배회하며 사람을 위협하거나 쓰레기를 뒤지는 사건이 벌어지기도 했다.

이처럼 외국에서 온 귀화생물은 보통 천적이 없으므로 폭발적으로 증식한다. 또한 농작물에 커다란 피해를 줄 뿐만 아니라, 그 나라 고유의 생물을 멸종으로 이끌기도 한다.

귀화생물로부터 고유의 생물을 지키고 독자적인 생태계를 보전하기 위해 한국에서는 '생물다양성법'이 제정되었다. 정식 명칭은 '생물다양성 보전 및 이용에 관한 법률'이다. 생물다양성의 종합적 · 체계적인 보전과 생물자원의 지속 가능한 이용이 목적으로 2013년 2월부터 시행되었다. '생태계교란생물' (표 8-4 참조)로 지정된 생물은 사육, 재배, 저장, 운반, 수입 등이 금지된다.

외래 생물은 드물지 않다. 한국 국립생태원의 조사에 따르면 외래 생물은 2163종이나 된다. 정부는 사람들에게 애완동물을 신중하게 취급하도록 요구하지만, 악어나 늑대거북 등의 외래 생물을 야생에 버리거나 낚시를 즐기고 싶다는 이유로 큰입배스를 하천이나 호수에 의도적으로 방류하는 등 시민의 식이 부족하면 사육이 금지된 외래 생물은 더욱 늘어나 버릴 수밖에 없다. 이 법률을 위반하면 1차 위반 시 100만 원, 2차 위반 시 150만 원, 3차 이상 위반 시 200만 원의 과태료를 부과한다.

표 8-4 · **한국의 생태계교란생물**

포유류	뉴트리아				
파충류	리버쿠터	붉은귀거북	악어거북	중국줄무늬목거북	플로리다붉은매거북
양서류	황소개구리				
어류	큰입배스	파랑볼우럭(블루길)			
무척추동물	미국가재				
곤충류	갈색날개매미충	긴다리비틀개미	꽃매미	등검은말벌	미국선녀벌레	붉은불개미
	빗살무늬미주메뚜기	아르헨티나개미			
식물	가시박	가시상추	갯줄풀	단풍잎돼지풀	도깨비가지	돼지풀
	마늘냉이	물참새피	미국쑥부쟁이	서양금혼초	서양등골나물	애기수영
	양미역취	영국갯끈풀	털물참새피	환삼덩굴		

일본에 침입한 최악의 외래 생물 붉은불개미

우려했던 일이 현실이 되었다. 남아메리카가 원산지인 몸길이 **2.5mm**의 유독성 개미 '붉은불개미'가 일본에 침입했다. 이 개미는 공격성이 강하고 쏘이면 불에 덴 듯 맹렬한 통증을 느끼기 때문에 영어로 '파이어앤트(fireant)'라고 한다. 나는 **1990년** 미국에서 생활할 때 사우스캐롤라이나주 찰스턴에서 붉은불개미가 큰 개미집을 만들고 있는 모습을 본 적이 있는데, 이 개미의 무시무시함은 널리 알려져 있었으므로 절대로 일본으로 들어와선 안 된다고 생각했다. 미국에서는 매년 약 **100명**의 사망자가 나올 정도다(다른 의견도 있다). 전 세계에서는 북아메리카나 중국, 필리핀, 대만 등으로도 외래 생물로 침입해 이미 넓은 영역에 정착했다. **2017년 5월**, 붉은불개미가 일본 효고현 아마가사키시에서 발견되었는데, 중국 광둥성 광저우시의 난사항에서 들어온 화물선에 실려 있던 컨테이너 내부에서 발견되었다. 그 후, 고베항, 오사카항, 도쿄·오이부두 등에서도 차례차례 발견되었다. 항구뿐만 아니라 가나가와, 사이타마, 오카야마, 후쿠야마, 오이타 등의 내륙에서도 발견되며 일본에 정착할 가능성이 높다는 의견이 나왔다. 붉은불개미는 지름 수십 **cm**의 집을 짓는데, 만약 발견하더라도 절대 집을 밟으면 안 된다. 수백 마리의 붉은불개미가 순식간에 다리를 타고 올라 일제히 공격하기 때문이다. 특히 어린아이가 공격을 받으면 목숨이 위험할 수도 있다. 현재 중앙정부와 각지의 지방자치단체 등에서 붉은불개미에 대한 경계를 강화해 일본에 정착하지 않도록 힘껏 애쓰고 있다.

(한국에서는 **2017년 9월** 부산항과 광양항의 컨테이너 부두에서 처음 발견된 이후, **2018년** 인천항과 내륙지역인 안산과 대구에서도 발견되었다-역주)

제 8 장

생물의 다양성과 멸종위기종

8-8

멸종이 우려되는 생물을 늘리기 위한 대책
−수컷과 암컷 한 쌍만으로 고릴라는 번식할 수 없다

17세기에 시작된 산업혁명 이후, 전 세계에서 생물의 멸종이 멈추지 않고 있다. 특히 20세기에 들어오면서 생물의 오랜 역사상 가장 빠른 속도로 멸종하고 있다. 생물학자들은 생물이 대량으로 멸종한 시기를 경계로 고생대, 중생대, 신생대로 나눈다. 지금으로부터 약 6500만 년 전인 중생대 백악기 후기에 일어난 공룡의 멸종은 모두 알고 있겠지만, 멸종한 생물의 종류를 보면 지금 일어나는 멸종 속도가 훨씬 빠르다.

주요 원인은 인간의 활동과 관계가 있다. 석탄이나 석유, 천연가스 등의 화석연료를 대량으로 태운 결과, 대기 속으로 대량의 이산화탄소가 방출돼 지구 밖으로 나가는 열을 가두는 바람에 지구의 표면 온도가 매년 상승하고 있다. 단순히 기온만 상승하는 것이 아니라, 태풍이나 토네이도의 발생이 증가하고 가뭄이 이어져 대규모 산불도 빈번히 일어나게 되었다.

이와 같은 지구 규모의 환경 변화에 적응할 수 없는 생물이 차례차례 멸종하고 있다. 또한 삼림 벌채로 인해 서식지를 잃은 야생동물들이 살 곳을 잃고 멸종하거나, 인간이 가지고 온 외래 생물로 인해 아주 먼 옛날부터 이 땅에서 생활했던 생물이 멸종하기도 한다. 많든 적든 생물 멸종에 인간이 관련된 것은 사실이다. 전 세계의 연구자들은 생물의 대량절멸을 어떻게든 저지하려고 필사적으로 노력하고 있다. 생물은 다양한 이유로 멸종한다.

사람들은 수컷과 암컷 한 쌍만 있으면 그 야생동물이 살아남은 것이라 생각하지만, 사실은 그렇지 않다. 예를 들어 여행비둘기(*Ectopistes migratorius*)라는 비둘기의 일종은 북아메리카대륙에 셀 수 없을 정도로 많이 서식했지만, 어느 정도까지 수가 감소한 시점부터는 한 번에 멸종의 길로 들어섰다. 여행비둘기는 집단으로 생활하므로 소수의 수컷과 암컷만으로는 자손의 수를 유지할 수 없었기 때문이다.

동물원에서 인기 있는 동물 중 하나인 고릴라는 모든 동물원이 사육하길 원한다. 하지만 고릴라를 외국에서 수입하면 워싱턴협약에 위배되므로 국내 동물원에서 번식해 개체수를 늘릴 수밖에 없다. 동물원 관계자들은 고릴라 수컷과 암컷 한 쌍만 있으면 번식할 수 있다고 생각했지만, 고릴라는 강한 수컷 한 마리에 암컷이 여러 마리 함께하는 '하렘'을 만들기 때문에, 수컷과 암컷 각각 한 마리가 짝을 이루면 부부가 아니라 남매가 되어 버린다. 그래서 전국의 동물원에 남은 고릴라를 한곳에 모아 집단으로 사육하자, 겨우 새끼를 낳았다고 한다.

생물의 다양성과 멸종위기종

생물의 다양성을 지키는 방법

−북극권의 종자 저장 시설

만약 환경이 급변해 많은 생물이 사멸해 버린다 해도 멸종하기 전에 수많은 종류의 생물이 있다면 그중 일부는 살아남을 수 있다. 그리고 살아남은 생물은 새로운 환경에 적응해 생태계는 다시 안정을 찾는다. 그런데 처음부터 생물종이 적으면 대량절멸이 일어났을 때 환경에 적응할 수 있는 생물이 금방 출현하지 않기 때문에 생태계가 황폐해져 버린다.

인류는 자신의 생활을 위해 수많은 종류의 생물을 이용해 왔다. 만약 생물의 대량절멸이 이어지면 우리 인류는 큰 위협을 받는다. 특히 우리의 음식이 되는 다양한 농산물은 환경 변화에 적응하기 위해 수많은 유전자를 지니고 있다. 예를 들어 맛있지만 가뭄에 약한 토마토가 있고 맛은 없지만 가뭄에 강한 토마토가 있으면, 교배나 유전자재조합을 통해 가뭄에 강하고 맛있는 토마토를 만들 수 있다. 그러나 가뭄에 강한 토마토가 맛이 없다며 아무도 키우지 않는다면, 그 토마토를 이용한 품종개량이나 유전자재조합을 할 수 없다.

지구온난화에 따른 기후변화로 사막화가 진행돼 버리거나 인구 증가로 인한 식량난을 해결하기 위해 열대우림을 개간해 차례차례 밭으로 바꾸고 있는 지금 상황에서 환경 변화에 적응할 수 없는 야생식물이나 이용 가치가 없다고 판단되는 농산물은 점점 지구상에서 사라져 갈 운명에 처해 있다. 그래서 야생식물이 멸종하거나 이용 가치가 없다고 판단되는 농산물이 사라져 버리기 전에 종자를 모아 장기간 보관해 두었다가 필요할 때 종자를 발아시켜 식물을 키워야 한다는 의견이 나왔다.

이런 의견에 힘입어 2008년 2월, 천연 냉장고라고 일컬어지는 북극권에 전 세계의 농작물 종자를 모아 보존하는 시설이 탄생했다. 북극 노르웨이령 스발바르제도의 스피츠베르겐섬에 있는 스발바르 국제종자저장고(Svalbard global seed vault)다. 지구온난화나 전쟁 등으로 인한 멸종에 대비하기 위해 전 세계 작물 종자를 모으는 시설로, 종의 멸종 등이 일어났을 때 종자를 공급해 부활시키는 것이 목적이다. 운영을 시작하고 나서 2년 동안 50만 종의 식물 종자를 모았다(한국은 2008년 아시아 국가 중 처음으로 토종 종자 1만 3000여 종을 맡겼고, 2020년 다시 1만 종을 맡기며 총 2만 3185종을 맡기게 됐다-역주). 450만 종을 모으는 것이 목표라고 하는데, 성경에 나오는 '노아의 방주'처럼 언젠가 도움이 될 날이 올지도 모른다.

화제의 생물
─세계에서 가장 작은 카멜레온 등

인류의 자연에 대한 호기심이 지구 끝까지 퍼진 결과, 전 세계의 연구자들은 지금까지 혹독한 자연환경으로 인해 좀처럼 갈 수 없었던 장소까지 들어가 조사를 할 수 있게 되었다. 그 결과, 다수의 생물이 새롭게 발견되었다.

아프리카 남부의 섬 마다가스카르에서는 몸길이가 3cm도 안 되는, 세계에서 가장 작은 카멜레온이 발견되었다. 섬의 한정된 자원에 순응해 몸이 작아지는 현상을 포스터의 규칙(Foster's rule)이라고 하는데, 이 카멜레온은 그 극단적인 예라고 한다.

2010년 4월에는 말레이시아, 인도네시아, 브루나이의 세 나라가 있는 보르네오섬에서 세계에서 가장 긴 곤충이 발견되었다. 이 곤충은 대벌레의 일종으로, 앞나리를 뻗었을 때 발끝에서 배 끝까지의 길이가 56.7cm, 몸길이는 35.7cm나 되었다. 이 곤충은 발견자의 이름을 따서 체니긴대벌레(Chan's mega stick)이라고 이름 붙였다.

바다에서는 10년 동안 전 세계의 바다에서 생물의 분포와 다양성을 조사하는 거대 프로젝트인 해양생물 조사 프로그램(CoML: Census of Marine Life)이 이루어져, 2010년 10월에 끝났다. 80여개국에서 2000명이 넘는 연구자가 참가해 시행한 조사에서 5000종 이상의 생물을 새로 발견했다. 일본 근해에는 전체 해양생물의 14.6%에 달하는 약 3만 3000종의 해양생물이 서식하며, 호주 근해와 함께 세계에서 가장 다양성이 풍부한 해역임이 밝혀졌다(전 세계 해양생물다양성을 조사한 2010년 해양생물조사 프로그램 기준, 한국 근해의 단위면적당 생물종은 16종으로 전 세계에서 가장 높은 것으로 나타났다─역주).

생물은
환경 속에서
어떻게 살아가는가

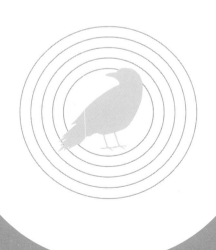

생태계를 구성하는 생산자와 소비자
－생태계란 무엇인가

생물은 자연 속에서 단독으로 생활할 수 없다. 같은 종류의 생물끼리 협력 관계나 적대 관계를 맺기도 하며, 다른 생물과 먹고 먹히는 관계 및 공생·기생 관계는 물론, 생물을 둘러싼 다양한 환경과도 관계를 맺고 있다. 이처럼 생물군집(동물의 군집이나 식물의 군락) 및 그것을 둘러싼 자연환경 요인을 모두 모아 생태계(ecosystem)라고 한다.

최근 지구온난화로 인해 다양한 기후변동이 일어나고 있다. 세계 각국의 연간 최고기온이 매년 갱신되며 급격한 기온 차로 폭염이 이어지는 한편, 극단적으로 춥거나 태풍이나 허리케인의 위력이 증가하고 폭우가 계속 이어져 산사태가 빈번히 일어나게 되었다.

이와 같은 기후변화의 영향으로 세계적으로 생물의 대량절멸이 일어나고 있다. 생물은 환경과 분리되어 살아갈 수 없으므로, 생물의 대량절멸을 막으려면 생태계를 제대로 이해해야 한다.

최근 고추잠자리나 개구리가 줄고 송충이가 대량으로 번식하는 등 자연계의 이변이 느껴진다고 한다. 이런 이상 현상의 원인은 대개 단순하지 않고, 의외로 복잡한 요인이 얽혀 있을 때가 많다. 송충이가 대량으로 번식하니까 살충제를 뿌리면 그만 아니냐 생각하는 사람이 많을 것이다. 하지만 살충제가 송충이의 천적까지 죽여 버린다면 다음 해에는 송충이가 더 많이 늘어날지도 모른다. 생태계에 대한 이해는 우리가 자연에 어떻게 접근해야 안정적인 지구환경을 유지할 수 있는지 아는 단서도 된다.

생태계를 구성하는 생물은 크게 생산자, 소비자, 분해자로 나눌 수 있다. 생산자는 광합성을 통해 태양에너지로부터 유기물을 합성하는 녹색식물을 가리킨다. 소비자는 동물을 가리키며, 식물을 먹는 초식동물을 1차소비자, 초식동물을 먹는 동물을 2차소비자, 그것을 먹는 동물을 3차소비자라고 한다. 분해자는 다른 생물의 사체나 배설물 속의 유기물을 무기물로 분해하여 필요한 에너지를 얻는 생물로, 세균, 곰팡이, 버섯 등이 있다.

이처럼 생태계에서 생물끼리 먹고 먹히는 관계가 마치 사슬처럼 연결된 것

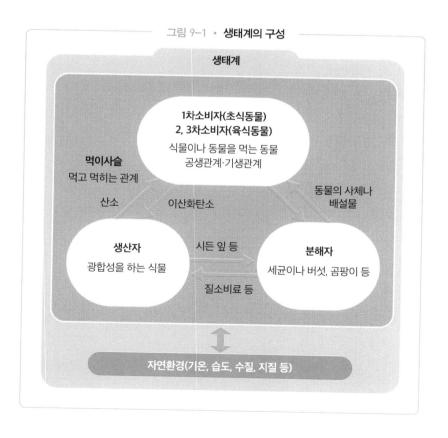

그림 9-1 · **생태계의 구성**

생태계

먹이사슬
먹고 먹히는 관계

1차소비자(초식동물)
2, 3차소비자(육식동물)
식물이나 동물을 먹는 동물
공생관계·기생관계

동물의 사체나
배설물

산소   이산화탄소

생산자
광합성을 하는 식물

시든 잎 등

분해자
세균이나 버섯, 곰팡이 등

질소비료 등

자연환경(기온, 습도, 수질, 지질 등)

을 가리켜 먹이사슬(food chain)이라고 하며, 이 관계가 복잡할 때는 그물에 비유해 먹이그물(food web)이라고도 한다.

9-2

서식지와 지위란 무엇일까
－어려운 생태학 용어를 이해하다

우리에게는 매일 생활하는 자신의 거처가 있다. 여기에는 집뿐만 아니라 사회적인 지위나 직업까지 들어간다. 만약 회사원이라면 회사에는 책상이 있고, 그곳에서 일해서 월급을 받으며, 집에 돌아오면 가족이 있다. 이처럼 사람에게는 다양한 생활이 있다.

자연에도 각각의 생물마다 특유의 생활이 있는데, 생물의 거처(서식 환경)를 서식지(habitat)라고 한다. 그리고 각각의 생물의 생태적 위치를 니치, 즉 생태적지위라고 한다. 생태적지위란 생물의 거처뿐만 아니라 먹이사슬에서 그 동물이 점한 지위 등을 가리킨다. 원래 니치(niche)는 사원이나 절 등에서 불상이나 장식품을 두기 위해 벽을 움푹 파고 들어가 설계한 공간(벽감)을 가리킨다. 이 공간은 들어가는 수가 정해져 있으며, 그곳에 잘 들어가지 못하는 생물은 생태계에서 제거된다.

모든 야생동물은 종 특유의 생태적지위를 지니고 있다. 예를 들어 먹이사슬에서 작은 새는 곤충을 먹는 위치임과 동시에 독수리나 매 등의 맹금류에게는 먹히는 위치에 있다. 그림 9-2를 보면 각각의 동물이 마치 각각의 구멍에 쏙 들어가 있는 듯한 모습을 볼 수 있다.

예를 들어 옛날 한국에는 전국 각지에 호랑이가 살았지만, 인간에 의해 멸종한 뒤로 들개나 삵 같은 동물이 호랑이의 생태적지위로 들어가 동물을 사냥하게 되었다. 만약 삵이 호랑이가 차지하고 있던 지위로 들어가지 못했으면, 틀림없이 생태계에서 살아남지 못했을 것이다.

현대사회로 들어오면서 농약을 대량으로 사용한 탓에 농약에 오염된 곤충을 먹은 들새가 생태적지위를 잃어버렸다. 한국에서 멸종한 황새와 따오기를 복원하려고 시도하고 있지만, 전국 각지에서 황새와 따오기를 보려면 그들의 생태적지위를 만들어 주어야 한다.

옛날에는 농사를 지을 때 농약을 사용하지 않았다. 그래서 논에는 다양한 곤충이 살았고, 그 곤충들을 먹으며 새들이 살아왔다. 그러나 오늘날 농약을 사용하지 않는 농가는 거의 없다. 어마어마한 비용과 수고가 드는 친환경농

그림 9-2 · **야생동물의 생태적지위**

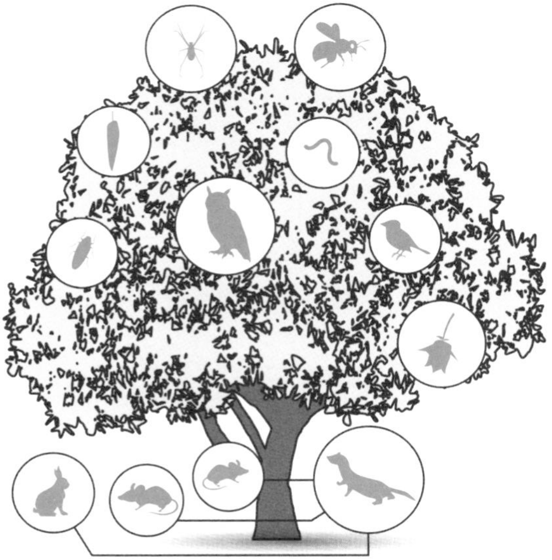

각각의 동물이 먹이사슬(먹이그물)을 통해 독특한 생태적지위에 있는 것이 마치 각각의 동물이 구멍에 들어가 있는 것처럼 보인다.

법을 고집하는 농가는 그렇게 많지 않다. 그래서 모처럼 멸종을 피한 새가 자연에서 번식하는 데는 한계가 있다. 옛날처럼 전국에서 황새나 따오기를 볼 수 있을 정도로 복원하긴 어려울 것이다. 한번 잃은 생태적지위를 복원하는 것이 얼마나 어려운 일인지 알려 주는 사례다.

생물은 환경 속에서 어떻게 살아가는가

9-3

동물보다 인내심이 강한 식물
–최신 게놈 연구로 알아보는 식물의 생존 전략

4-9에서 설명했듯 전 세계적인 공동 작업으로 인간게놈프로젝트가 실행되었는데, 그 후 사람 이외의 다양한 생물에 대한 게놈 해석도 이루어졌다. 그전까지는 열등한 생물일수록 유전자 수가 적고 고등한 생물일수록 유전자 수가 많으리라 단순하게 예상했다. 그런데 인간게놈프로젝트가 끝나고 추정된 인간의 유전자 수가 약 2만 6000개라는 발표가 나왔을 때, 의외로 적어서 다들 깜짝 놀랐다(그 뒤 사람의 유전자는 약 2만 개라고 정정되었다). 그리고 1-10에서 이야기했듯 다양한 생물종의 유전자 수가 발표되면서 고등한 생물일수록 유전자 수가 많다고 단언할 수 없다는 사실을 알게 되었다.

유전자 수가 적다는 벼조차 약 3만 7000개나 된다. 옥수수도 약 3만 2000개다. 밀은 중앙아시아산 토종보다 염색체 전체가 6배 증가하면서 유전자 수도 6배 증가해, 아직 몇 개인지조차 모를 정도다.

식물의 유전자 수가 많은 이유는 서식 환경이 악화하면 그 장소에서 이동할 수 있는 동물과 달리 같은 장소에서 평생 지내야 해서 여러 가지 가혹한 환경을 견딜 수 있는 '저항성 유전자(resistance gene)'가 있기 때문이다. 식물은 일시적으로 환경이 나빠질 경우 이 환경에 적응할 수 있는 유전자가 작동하여 바뀐 환경에 적응한다.

인간에게 직업이나 인간관계에서 오는 '스트레스'가 있듯 식물의 생존을 방해하는 혹독한 환경을 '환경 스트레스'라고 한다. 환경 스트레스에는 너무 강한 빛이나 광합성을 저해하는 약한 빛, 고온이나 저온, 폭우나 가뭄 등이 있다. 각각의 환경 스트레스에 대응해 식물이 활용하는 유전자의 종류도 변한다. 이를 스트레스 반응이라고 하며, 혹독한 환경에서도 생산성이 높은 작물을 개량하거나 사막을 녹화해 환경을 회복하기 위해서는 스트레스 반응을 연구할 필요가 있다.

식물의 스트레스 반응 중에서도 저온 스트레스에 대한 반응은 매우 흥미롭다. 시베리아처럼 추운 지역은 자동차 라디에이터 냉각수에 부동액을 섞어 저온에서도 얼지 않도록 예방한다. 식물에게도 이런 예방법이 있다.

얼음결정은 식물세포를 찢어 버리므로, 세포 속에 얼음결정이 생기면 식물에게 치명적이다. 그래서 식물은 기온이 떨어지면 저온내성유전자를 작동해 세포 속에 당이나 아미노산을 잔뜩 머금는다. 물에 설탕 등의 물질이 녹으면 어는점이 내려가는데, 식물은 저온 스트레스가 닥치면 세포 속 당분이나 아미노산 농도를 높여 세포 안에 얼음결정이 생기지 않도록 예방한다.

9-4

생태계의 에너지 피라미드
–생산자와 소비자의 관계

생태계는 생물끼리 먹고 먹히는 관계로 맺어져 있다. 이때 생산자와 소비자의 수를 보면 생산자가 가장 많고, 다음이 1차소비자이며, 2차나 3차소비자가 가장 적다. 만약 소비자보다 생산자가 적다면 먹이 부족으로 소비자인 초식동물이 굶어 죽어 버리기 때문이다.

물론 예외도 있다. 한 그루의 나무에 다수의 곤충이 달라붙어 나뭇잎을 먹을 때는 생산자인 식물과 1차소비자인 곤충은 숫자상으로 봤을 때 거꾸로다. 그러나 수가 아니라 생물의 무게 또는 생물이 지닌 에너지로 보면 생산자 쪽이 소비자보다 압도적으로 커진다.

이처럼 생산자, 1차소비자, 2차소비자, 3차소비자로 먹이사슬의 영양단계가 올라감에 따라 생물종의 무게 또는 에너지는 감소한다. 그래서 생산자를 토대로 1차소비자를 올리고 그 위에 2차소비자와 3차소비자를 배치하면 마치 피라미드처럼 위로 갈수록 작아지는 모습을 보인다. 이것을 에너지 피라미드 (energy pyramid)라고 한다.

그럼 에너지 피라미드는 왜 위쪽이 커지는 식으로 역전하지 않을까? 자연계에서는 가끔 생태의 평형이 깨지는 일이 발생한다. 예를 들어 어느 순간 송충이가 대량으로 번식하면 먹이가 되는 생산자(식물)의 무게가 줄어들고, 그 위에 있는 1차소비자(송충이)의 무게가 늘어난다. 하지만 이때 송충이는 먹이가 부족한 나머지 대량으로 죽고 만다. 혹은 송충이의 포식자인 사마귀나 작

그림 9-3 · **생태피라미드**

은 새 등에게 발견돼 대부분 잡아먹힌다. 이처럼 피라미드의 균형이 깨지면 생태계는 원래의 평형을 복원하려고 한다.

9-5

좋은 생활환경이
생물의 운명을 결정한다
-최적밀도 이야기

　지하철이나 길에 사람이 가득하면 어쩐지 기분이 나쁘고, 아무도 없는 고요한 곳이 그리워진다. 이렇듯 사람에게는 쾌적한 생활을 위해 적당한 인구밀도가 있다.

　생태학에서도 개체군의 최적밀도가 있다. 1930년대 미국의 생태학자 워더 앨리(Warder Clyde Allee, 1885~1955)는 생물 개체군의 밀도가 어느 정도 올라가면 생존율이나 번식률이 상승하는 현상을 발견했다. 이 현상을 발견자의 이름을 따서 앨리 효과라고 하는데, 생태학자들은 멸종 위기에 있는 야생동물의 보존이나 외래 생물을 구제하는 데 효과가 있지 않을까 주목하고 있다.

　아프리카 대초원에 사는 얼룩말은 개체군 밀도가 증가하면 천적인 육식동물이 습격해도 쉽게 수가 줄지 않는다. 수많은 개체 중 하나가 눈치챌 확률이 높으므로 힘을 모아 육식동물을 물리칠 수 있기 때문이다. 수많은 개체가 함께 생활하면 번식률도 상승한다. 또한, 정어리 등의 소형 어류는 거대한 무리를 만들어 대형 어류가 습격해 소수의 개체가 잡아먹혀도 개체 전체는 살아남을 기회를 높인다.

　개체군 밀도가 높은 쪽이 살아남기 쉽다는 것은 해변의 암석에 서식하는 따개비의 사례를 보면 이해하기 쉽다. 따개비는 바위에 붙어 있어서 조개의 일종으로 보이지만, 사실 게나 새우와 같은 갑각류에 속한다. 그 증거로 알에서 나온 노플리우스(nauplius, 유생)는 바닷속을 떠다니는데, 그 형태가 새우나 게의 노플리우스와 흡사하다.

그러나 따개비는 일단 바위에 붙으면 껍데기를 삿갓 같은 모양으로 바꾸고 그곳에서 일생을 보낸다. 따개비는 주로 암석 지대에 밀집해 있는데, 먹이인 플랑크톤을 두고 다투다 오히려 생존율이 떨어지지 않을까 생각하겠지만, 밀집 생활에는 하나의 큰 장점이 있다.

따개비는 덩굴 같은 다리를 지니고 있다. 몸이 바닷물에 잠겨 있는 동안 다리를 뻗어 마치 "이리 온." 하고 손짓하듯 움직여 플랑크톤을 잡아먹는다. 따개비는 짝짓기를 할 때도 다리를 사용한다. 그러나 다리 길이는 정해져 있으므로 멀리 있는 개체까지는 닿지 않는다. 그래서 따개비는 밀집해 있지 않으면 번식할 수 없다.

9-6

 심해로 잠수하는 물범의
행동 패턴을 어떻게 알 수 있을까
−바이오로깅 이야기

지금까지 생태학 현장 조사는 밖에서 야생동물의 행동을 관찰하는 일이 대부분이었지만, 최근에는 야생동물에 다양한 기기를 부착해 기기가 발신하는 전파 분석을 통해 동물의 행동을 이해하도록 변화했다. 이처럼 야생동물의 몸에 초소형 기록계(data logger)를 부착해 행동을 추적하는 연구를 바이오로깅(bio-logging)이라고 한다.

눈으로 관찰하기 쉬운 육상의 야생동물로부터 다양한 지식을 얻어 동물행동학이라는 학문으로까지 발전했지만, 바닷속에서 생활하는 야생동물의 생태는 조사하기 어렵다. 그래서 수족관에서 뒤뚱뒤뚱 걷는 귀여운 펭귄이나 수조 한쪽에서 늘어지게 자는 게으름뱅이 물범 등으로 이미지가 고정돼 버렸다. 그러나 최근 바이오로깅 방법으로 이들의 자연 속 진짜 모습이 밝혀졌다.

수심 기록계를 펭귄이나 물범에게 붙여 야생에 돌려보내고 일정 기간 뒤 회수해 이들의 행동 패턴을 조사하니 의외의 결과가 나왔다. 수족관에서 보는 행동을 토대로 예상했던 수심보다 훨씬 깊은 곳까지 잠수한 것이다. 예를 들어 남방코끼리물범은 수심 1200m까지 잠수했고, 잠수 시간은 연속 2시간에 달했다. 황제펭귄은 수심 530m에서 20분이나 잠수했다. 물범은 포유류라 인간과 마찬가지로 폐로 호흡한다. 그런데도 이렇게 깊은 곳까지, 게다가 2시간이 넘게 잠수한다는 사실이 밝혀지면서 잠수 중 어떻게 산소를 보급하는지 등의 다양한 의문이 연구자들 사이에 샘솟고 있다.

오염물질의 생물농축
−환경호르몬이란 무엇일까

호르몬은 우리 몸속에 있는 기관에서 생성돼 혈액을 통해 다른 기관으로 운반되어 특정 정보를 전달하는 화학물질이다. 호르몬은 혈액 속에 분비되므로, 호르몬을 다루는 학문을 내분비학이라고 한다.

1960년대 이후, 전 세계적으로 고도 성장기를 맞이하며 다양한 플라스틱이나 약품 등 수만 종류의 유기화합물이 인공적으로 합성되었다. 지금까지 자연계에 있지 않았던 물질이 다수로, 그중에는 동물에 유해한 작용을 하는 물질도 있다.

특히 쓰레기 등을 태울 때 발생하는 다이옥신(dioxine)이나 유기염소계 살충제 DDT(dichloro-diphenyl-trichloroethane, 다이클로로다이페닐트라이클로로에테인), PCB(polychlorinated biphenyl, 폴리염화바이페닐)는 체내에 들어가면 호르몬과 비슷한 작용을 해 내분비계를 교란할 가능성이 높아 내분비교란물질(환경호르몬)이라는 이름이 붙었다. 그 외에도 플라스틱의 원료가 되는 비스페놀 A(bisphenol A)는 고농도로 있으면 수컷 어류를 암컷으로 바꾸는 작용이 있다고 한다.

이 물질들은 물에 잘 녹지 않는 지방조직에 축적되기 쉬워서 음식 등을 통해 일단 체내로 들어오면 잘 배출되지 않는다. 그래서 식물플랑크톤에는 저농도만 들어 있었다고 해도 식물플랑크톤 → 동물플랑크톤 → 정어리 등의 작은 어류 → 참치 등의 대형 어류라는 먹이사슬을 거치며 영양단계가 올라

감에 따라 체내 환경호르몬 농도가 높아져, 대형 어류로 오면 생존에 큰 악영향을 미칠 정도의 환경호르몬이 축적된다. 이 현상을 생물농축(biological concentration)이라고 하며, 동물의 수가 감소하는 원인 중 하나로도 꼽힌다.

표 9-1 · **대표적인 내분비교란물질(환경호르몬)**

화학물질명	용도	작용
다이옥신류	농약 부산물·쓰레기 소각	항에스트로겐·내분비 교란
PCB	방염제	에스트로겐
DDT	농약	에스트로겐
DDE(DDT의 대사물)		항안드로겐
클로르덱온	농약	에스트로겐
메톡시클로르	농약	에스트로겐
빈클로졸린	농약	항안드로겐
노닐페놀	계면활성제	에스트로겐
비스페놀 A	수지 원료	에스트로겐
부틸벤질프탈레이트	수지 가소제	항안드로겐
쿠메스트롤	식물호르몬	에스트로겐

에스트로겐은 여성호르몬, 안드로겐은 남성호르몬이다.

9-8

파괴된 생태계를 회복하려면?
-이상적인 비오톱 이야기

최근 우리 생활공간을 자연환경과 융합하려는 시도가 왕성하게 이루어지고 있다. 자연환경을 배려한 아파트나 주택 분양이 늘고, 건물 옥상이나 벽면에 식물을 심어 온도를 낮추는 시도 등이 이루어지고 있다.

생물이 군집한 생활 공간을 독일어로 비오톱(biotop)이라고 하는데, 국내에서는 주로 생물이 살기 쉽도록 환경을 바꾸는 것을 가리키는 단어로 사용한다. 그럼 우리가 이상적으로 생각하는 비오톱은 어떤 모습일까? 아름다운 외국산 꽃이 흐드러지게 피고 맛있는 과일이 열리는, 이른바 유토피아를 상상하는가?

가령 국내에 서양식 정원을 만들어 아름다운 외국산 꽃으로 채웠다고 가정해 보자. 꽃의 원산지와 들어온 나라는 환경이 다르므로 인간이 계속 돌봐 줘야 한다. 돌보는 사람이 사라지면 대부분 새로운 곳의 자연환경에 적응하지 못하고 시들어 버린다.

외국에서 온 동식물을 외래종이라고 하는데, 그중에는 가끔 새로운 기후에 적응해 천적이 없는 틈을 타 급격히 수가 증가하는 생물종이 있다. 그런데 외래종은 국내에서 오래전부터 서식한 동식물(재래종)의 생태적지위를 위협해 재래종을 멸종으로 몰아넣기도 한다. 예를 들어 가을에 마치 노란 카펫을 깐 듯 꽃을 피우는 양미역취는 원래 북아메리카가 원산지지만, 국내 각지의 빈 땅에 널리 퍼지며 다른 식물을 쫓아내 버렸다. 서양민들레도 도심을 중심으

9
-
8

파괴된 생태계를 회복하려면?

238

로 계속 번져 대도시에서는 재래종 민들레를 거의 볼 수 없게 되었다. 빈 땅에 자라는 잡초 대다수가 외래종이며, 고유 식물은 그다지 찾아볼 수 없다.

한편 하천에서는 낚시꾼 등이 큰입배스나 블루길 등의 외래종을 외국에서 가지고 들어와 방류한 결과, 왕성한 식욕으로 송사리나 붕어 등의 재래종을 먹어치우며 하천의 생태계를 크게 바꿔 버렸다. 또한, 도시 근교의 삼림으로 눈을 돌리면 동부회색다람쥐나 미국너구리, 작은몽구스 등의 외래종이 늘어나 재래종의 생태적지위를 빼앗아, 토종 다람쥐나 너구리, 토끼 등의 서식이 위협받고 있다. 뿐만 아니라 야생화한 미국너구리는 도심을 돌아다니며 쓰레기를 뒤지는 등, 사람에게 위해를 가하는 다양한 폐해가 발생하고 있다.

그럼 이상적인 비오톱을 만들려면 어떻게 하면 좋을까? 그 장소에 원래 환경을 준비하고 그 장소에 원래 살던 식물을 심어 가까운 야산 등의 풍부한 자연환경과 '통로(corridor)'로 연결하는 것이 중요하다.

하천 바닥이나 물가를 콘크리트로 덮어 버리면 갈대 등의 수생식물이 자랄 수 없으므로 생태계도 만들기 어렵다. 그래서 최근에는 하천의 홍수 대책은 확실히 세우면서 강바닥이나 물가에 수생식물이 정착할 수 있도록 콘크리트를 벗겨 자연 생태에 가까운 환경으로 복원하는 지방자치단체가 늘어났다.

한편 육지에서는 원래 그 장소에 있던 식물을 심어 자연환경을 복원하자, 인간이 특별히 돌보지 않아도 자연스럽게 곤충 등의 동식물이 비오톱으로 찾아와 안정적인 생태계가 완성되었다. 식물이 땅에 뿌리를 내리면 폭우가 내려도 산사태가 잘 일어나지 않고, 가뭄이 계속돼도 흙먼지가 날리지 않는다.

고유종은 각각의 생물이 자신의 생태적지위를 지니며, 다른 동식물과 먹이사슬 등을 통해 밀접하게 연결돼 있다. 그래서 그 지역에서 한번 사라진 곤충이라도 근처 야산 등의 다른 지역에서 찾아오기도 한다. 곤충이 늘면 곤충을 먹는 작은 새나 쥐 등의 소형 포유류가 늘고, 이들을 먹는 독수리·매 등의 맹금류도 찾아와, 생물이 풍부한 생태계로 부활한다.

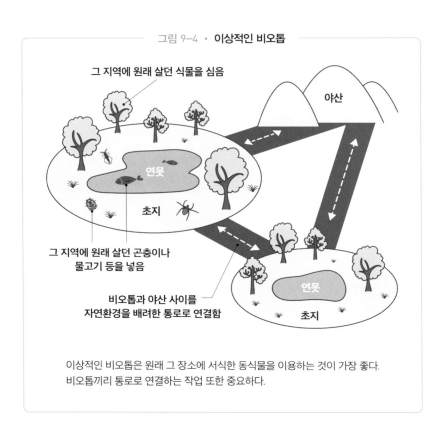

그림 9-4 · 이상적인 비오톱

그 지역에 원래 살던 식물을 심음

야산

연못

초지

그 지역에 원래 살던 곤충이나
물고기 등을 넣음

비오톱과 야산 사이를
자연환경을 배려한 통로로 연결함

연못

초지

이상적인 비오톱은 원래 그 장소에 서식한 동식물을 이용하는 것이 가장 좋다.
비오톱끼리 통로로 연결하는 작업 또한 중요하다.

　이런 환경은 우리 인간이 살기에도 좋은 환경이라 할 수 있다. 여름에는 식물의 광합성작용으로 기온이 내려가고 나무들은 그림자를 만든다. 하천에는 송사리 같은 소형 어류가 살며 모기의 유충인 장구벌레를 잡아먹어 대량으로 번식하지 못하도록 막아 모기에 시달리지도 않는다.

찾아보기

ㄱ

가로무늬근·············· 172
가지돌기················· 176
간상세포················· 184
개화호르몬············· 98
거친면 소포체 ········ 56
게놈······················ 38
게놈 사이즈 ··········· 39
결합조직················· 64
경골어류················· 38
계통수···················· 23
고리형 AMP ··········· 187
고막······················ 180
고세균···················· 23
고에너지인산결합······ 90
골격근···················· 172
골지체···················· 56
관다발식물·············· 66
광합성············ 152, 165
광합성색소·············· 165
광합성세균·············· 20
구로사와 에이이치 ··· 97
구아닌···················· 83
국소생체염색법········ 137
군체···················25, 28
귀화생물················· 213
규소······················ 74
균류······················ 204
그레고어 멘델 ········ 103

그리파니아 스피랄리스 25
극성화활성대············ 144
근소포체················· 174
근육······················ 172
근육섬유················· 28
근육세포················· 28
근육조직················· 64
기계조직················· 67
기관·················64, 68
기관계···················· 68
기저막···················· 180
기질······················ 155
기질특이성·············· 155
꼭대기외배엽능선······ 144

ㄴ

난할······················ 132
남세균···················· 20
낫모양적혈구빈혈······ 117
낭배······················ 133
내배엽···················· 134
내분비교란물질········ 236
내호흡···················· 156
네안데르탈인········44, 45
녹말······················ 77
녹색형광단밸질········ 163
농도기울기·············· 144
뇌 ······················ 190
뇌하수체················· 94

뉴클레오솜·············· 52
뉴클레오타이드········ 118
니치······················ 225

ㄷ

다능성···················· 130
다당류···················· 77
다세포생물······ 28, 29, 64
다케이치 마사토시 ··· 135
단당류···················· 77
단백질···················· 79
단세포생물······ 28, 29, 64
단일식물················· 98
달팽이관················· 180
대량절멸················· 34
대사················· 17, 152
대진화···················· 37
데이터마이닝············ 124
도약전도················· 178
도파민···················· 99
독립의 법칙 ··········· 103
돌리·················146, 149
돌연변이················· 36
동화작용················· 152
들뜬상태················· 165
등쪽 유전자 ··········· 140
디네인···················· 69
디디옥시뉴클레오타이드
····························· 121

디옥시리보스········ 82, 85
디옥시리보핵산········ 82
디펩타이드·············· 79

ㄹ

랑비에결절·············· 177
러너스 하이 ·········· 100
레나토 둘베코 ········ 123
레드데이터북·········· 207
레드리스트·············· 207
레티날··················· 184
레프티 유전자 ········ 69
로돕신··················· 184
로렌치니기관·········· 196
로버트 훅 ············· 48
루비스코················· 167
루시페레이스·········· 163
루시페린················· 163
리보솜··················· 52
리보스··················· 85
리보핵산················· 84
리처드 액설 ·········· 186
리케차··················· 21
리포솜················· 17, 18
린다 벅 ············· 186

ㅁ

마그네토솜·············· 189
마에지마 가즈히로 ··· 62
마이오신필라멘트······ 172

말이집··················· 177
말이집신경·············· 177
망막····················· 183
맞춤의료················· 124
매질····················· 180
맥삼-길버트법 ········ 122
머치슨 운석 ········ 16
먹이그물················· 224
먹이사슬················· 224
먹장어··················· 38
멘델의 법칙 ·········· 103
멜라토닌················· 194
멸종위기종·············· 206
무기물··················· 14
물관····················· 66
물질대사················· 152
미각수용체·············· 188
미량원소················· 88
미세섬유················· 58
미세소관················· 58
미세포··················· 188
미토콘드리아 ········ 21, 54
미토콘드리아 DNA··· 21, 55
밀러의 실험 ······· 15, 16

ㅂ

바이오로깅·············· 234
반보존적 복제 ········ 83
반응중심················· 165
발색단··················· 163
발터 포크트 ·········· 137

발효··················· 161
발효식품················· 162
방추사··················· 60
배아줄기세포·········· 149
백혈구··················· 28
버제스 셰일 ········· 31
벡터····················· 116
벼키다리병·············· 96
복제 원숭이 ·········· 147
복제 인간 ············· 148
분리의 법칙 ·········· 103
분열조직················· 65
분자 샤페론 ······ 56, 80
분절형성유전자········ 141
분해자··················· 223
붉은불개미·············· 215
블루라이트·············· 194
비오톱··················· 238
비코이드 단백질 ······ 140
비코이드유전자········ 140
빅 파이브 ············· 35
빛 ··················· 182
뿌리혹박테리아········ 168

ㅅ

사이토신················· 83
사지싹··················· 144
산소····················· 19
산소호흡················· 19
상보적 염기쌍 ········ 83
상실배··················· 132

상피조직·················· 64
색소상피층··············· 183
생리 활성 물질 ········ 92
생명의 기원 ········· 14
생물군집········· 222
생물농축················· 237
생물다양성법··········· 213
생산자··················· 223
생어법·················· 121
생체검사················· 65
생체시계················· 194
생체촉매················· 155
생타카리스········ 32
생태계··················· 222
생태계교란생물········· 214
생태적지위··············· 225
생태피라미드············· 230
서식지··················· 225
섬모······················ 29
세계자연보전연맹······ 206
세로토닌················· 99
세포······················ 48
세포골격················· 58
세포내공생설············ 21
세포막········· 17, 50, 86
세포막빨기법············ 190
세포분열················· 60
세포성점균류············ 204
세포소기관··············· 21
세포의 분화 ········· 130
세포질분열··············· 60
세포호흡················· 156

셀룰로스·················· 77
소닉헤지호그 유전자··· 144
소리······················ 179
소비자··················· 223
소수성··················· 86
소진화··················· 37
소포체··················· 56
소화계··················· 68
속근······················ 55
송과체··················· 194
순환계··················· 68
스발바르 국제종자저장고
················· 219
스탠리 밀러 ·········· 15
시각세포················· 183
시교차상핵··············· 194
시냅스·············· 64, 178
시냅스틈················· 178
시모무라 오사무 ······ 164
시조새··················· 41
시트르산················· 159
시트르산회로··········· 158
식물극··················· 134
신경내분비··············· 92
신경세포··········· 28, 176
신경세포체··············· 176
신경조직················· 64
신테니··················· 39

아노말로카리스········· 32

아데노신·············· 16, 90
아데노신3인산 ······ 54, 90
아데닌··················· 83
아미노기················· 79
아미노산·············· 15, 79
아브시스산··············· 97
아사시마 마코토 ····· 139
아세트알데하이드······ 125
아세틸 CoA ········· 158
아세틸콜린··············· 178
아조토박터··············· 168
아포토시스··············· 145
아프리카발톱개구리
················· 130, 146
안테나페디아유전자··· 141
알데하이드탈수소효소 2형
················· 125
알코올발효··············· 161
액티빈··················· 139
액틴······················ 58
액틴필라멘트············· 172
앨리 효과 ············· 232
야마나카 신야 ···131, 149
야부타 데이지로 ······ 97
약제내성················· 36
양서류··················· 38
양성전해질··············· 79
양전자단층촬영········· 192
어닐링··················· 119
에너지 화폐 ········· 90
에너지대사··············· 152
에디아카라 동물군 ··· 26

에코R1 ················· 111
에쿼린 ····················· 163
에틸렌 ···················· 97
연골어류 ················ 38
연체동물 ················· 34
열성 ······················· 103
열수분출공 ··········· 16, 19
염기서열 ··········· 82, 120
염색질 ···················· 62
엽록소 ···················· 165
엽록체 ···················· 165
영구조직 ················ 66
예정운명 ················· 137
오돈토그리푸스 ········· 33
오즈월드 에이버리 ··· 106
오파비니아 ·············· 33
옥살아세트산 ··········· 158
옥신 ······················· 96
올리고당 ················· 77
올리고펩타이드 ········· 79
와다 아키요시 ········· 123
완두콩 ···················· 103
완족류 ···················· 34
외배엽 ···················· 134
외호흡 ···················· 156
우성 ······················· 103
우열의 원리 ··········· 103
워싱턴협약 ············· 209
원구 ······················· 133
원구배순 ················· 138
원생동물 ················· 29
원시 생명 ··············· 17

원시결절 ················ 69
원자가 ···················· 74
원장 ······················· 133
원추세포 ················· 184
원핵생물 ············· 20, 50
원핵세포 ················· 50
위왁시아 ················· 32
위족 ······················· 59
유기물 ···················· 14
유도 ······················· 139
유도만능줄기세포 ······ 149
유라실 ···················· 84
유모세포 ··········· 180, 181
유전 ······················· 36
유전물질 ··········· 17, 107
유전암호 ················· 120
유전자 ········· 82, 103, 106
유전자 편집 ············ 116
유전자변형농산물 ······ 113
유전자재조합 ··········· 112
유전자중복 ·············· 39
유전정보 ················· 38
유조직 ···················· 67
이당류 ···················· 77
이명법 ···················· 201
이온통로 ················· 177
이온통로형 수용체 ··· 188
이자 ······················· 95
이중나선 구조 ··· 82, 107
이화작용 ················· 152
인 ························· 52
인간게놈프로젝트 38, 123

인지질 ···················· 86
인지질 이중층 ······ 17, 86
인트론 ···················· 24

ㅈ

자가분비 ················· 92
자기공명영상 ··········· 192
자연선택 ················· 36
자연선택설 ·············· 36
자철석 ···················· 189
장일식물 ················· 98
재생의료 ················· 150
저항성 유전자 ········· 228
적혈구 ················· 28, 48
전기영동법 ············· 122
전능성 ···················· 130
전사인자 ················· 53
전성설 ···················· 128
전자전달계 ············· 156
전자파 ···················· 182
절지동물 ················· 31
점착말단 ················· 111
젖산발효 ················· 161
제임스 왓슨
············ 82, 107, 123
제한효소 ················· 111
조류 ······················· 39
조직 ······················· 64
존 거던 ··········· 130, 146
존 오스트럼 ············ 41
종 보존법 ·············· 211

종파······················ 180
좌우바뀜증··············· 69
주변분비················ 92
중간섬유················ 58
중배엽··················· 134
중성지방················· 86
중합효소연쇄반응······ 118
쥐 ······················· 174
지근····················· 55
지베렐린················· 96
지질····················· 86
진정세균················· 23
진핵세포·············· 21, 50
진행대··················· 144
진화론··················· 36
질소고정················· 168
질소고정효소············ 168
질화세균················· 169

ㅊ

찰스 다윈 ··············· 36
창고기·················· 32,38
척삭동물··············· 32, 38
척추동물················· 31
청각피질················· 181
청소골··················· 180
체관····················· 66
촉매····················· 155
총기어류················· 38
추체교차················· 181
축삭돌기············ 28, 176

친수성···················· 86

ㅋ

카드헤린················ 135
카르타게너증후군······ 69
카복실기················· 79
칼 린네 ················ 201
칼슘····················· 174
캄브리아기··············· 31
캄브리아기 대폭발 ··· 31
캐리 멀리스 ··········· 118
캘빈–벤슨회로 ········ 167
캘빈회로················· 167
컴퓨터단층촬영········ 191
코르티기관·············· 180
크레아틴················· 91
크레이그 벤터 ········ 124
크렙스회로·············· 158
클래리티법·············· 191
클로스토리듐············ 168
클론····················· 146
키틴····················· 204

ㅌ

타이민··················· 83
탄소····················· 74
탄소동화작용············ 152
탄수화물················· 77
탈분극··················· 176
토머스 모건 ··········· 108

통도조직················ 66
통로단백질·············· 86
튜불린··················· 58
트로포닌················· 174
트리펩타이드············ 79

ㅍ

파란 장미 ············· 115
파충류··················· 39
파킨슨병················· 99
페로몬··················· 92
페름기··················· 34
펩타이드················· 79
펩타이드결합············ 79
편모····················· 29
평면해파리·············· 163
폐렴쌍구균·············· 106
포도당··················· 77
포배····················· 132
포배강··················· 132
포스터의 규칙 ········ 220
포유류··················· 39
폴리펩타이드············ 79
표적기관················· 92
표피조직················· 66
푸줄리나················· 34
품종개량법·············· 113
퓨린····················· 15
프라이머················· 118
프랜시스 크릭 ··· 82, 107
프레더릭 생어 ········ 121

프로테아솜·············· 56
프리 런 ·············· 194
플라스미드·············· 118
피루브산············ 54, 156
피리미딘················· 16
피카이아················· 32
피트기관·············· 196

ㅎ

학명····················· 201
한스 슈페만 ··········· 137
한스 크렙스 ··········· 158
할구····················· 132
할루키게니아··········· 33
핫 스폿 ················· 200
해당과정················· 156
해럴드 유리 ··········· 15
해양생물 조사 프로그램
····················· 220
핵 ····················· 52
핵분열··················· 60
핵자기공명··············· 192
현생인류·············· 44, 45
혈뇌장벽················· 100
혐기성세균··············· 20
형성체··················· 139
형질전환················· 106
호르몬··············· 92, 236
호메오박스········· 39, 141
호메오박스 단백질 ··· 141
호메오박스 유전자 ··· 141

호메오시스·············· 141
호메오틱 선택유전자
····················· 141
호문쿨루스·············· 128
혹스 유전자 ······109, 142
화학합성 세균 ··· 20, 170
확산··················· 132
환경 스트레스 ········ 228
환경호르몬·············· 236
환형동물················· 34
활동전위················· 176
활성화에너지············ 155
황반····················· 184
횡파····················· 180
효소····················· 155
후각수용체·············· 186
후성설·················· 128
후세포·················· 186
휴지전위················· 176
히스톤················· 24, 52

영숫자 & 로마자

1차소비자 ············· 223
2R 가설 ················· 39
2차소비자 ············· 223
3차소비자 ············· 223
5탄당 ·················· 82
AER ·················· 144
ATP········ 16, 54, 90, 153
A대 ···················· 172
CITES ················· 209

CT ···················· 192
DNA ········ 52, 82, 106
DNA 시퀀서 ·········· 124
DNA연결효소 ········· 111
DNA중합효소 ········· 118
ES세포 ················ 149
FT 단백질 ············· 98
GFP····················· 163
GMO ·················· 113
G단백질연결수용체
················186, 188
iPS세포 ··············· 149
I대 ···················· 172
MRI····················· 192
mRNA ················· 52
NMR ·················· 192
PCR ·················· 118
PET···················· 192
RNA ···················· 84
RNA 합성 효소········· 53
SPring-8 ············· 62
TCA회로··········156, 158
ZPA····················· 144
β-엔드로핀 ··········· 100

"SEIBUTSU" NO KOTO GA ISSATSU DE MARUGOTO WAKARU

© MASAMICHI OHISHI 2018

Originally published in Japan in 2018 by BERET PUBLISHING CO., LTD., TOKYO.
translation rights arranged with BERET PUBLISHING CO., LTD., TOKYO,
through TOHAN CORPORATION, TOKYO and Enters Korea Co., Ltd., SEOUL.